製作專屬於我的娃娃服飾

Doll's Salon Fairy tales

娃娃沙龍的童話故事

製作專屬於我的娃娃服飾

Doll's Salon Fairy tales

娃娃沙龍的童話故事

Contents

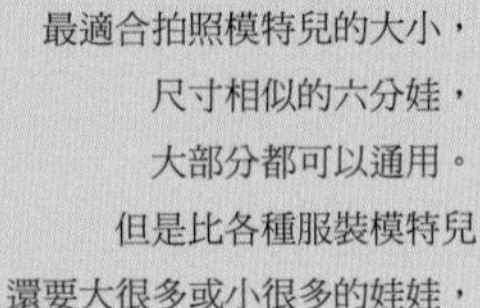

＋服裝都是製作成
最適合拍照模特兒的大小，
尺寸相似的六分娃，
大部分都可以通用。
但是比各種服裝模特兒
還要大很多或小很多的娃娃，
有可能會不通用。
（請參考第 146 頁的尺寸表）

＋附錄提供的服裝紙型都是
作者們的珍貴財產，
並受到著作權法保護。
禁止應用在個人用途
以外的商業行為上。

Dolls

這裡要向大家介紹本書的模特兒。模特兒是依照主題訂製、使用。
感謝所有同意我們使用娃娃的娃娃工藝家。

iroadoll：momo（instagram@iroadoll）

Jjorori art：Kkotji（instagram@jjorori_art）

Zimam Factory：Bianco（instagram@zimam0_0）

Yvely house：Kukuclara（instagram@kukuclara）

寶物星玩具：Nana（instagram@bomulsung）
tinibear：三隻熊（instagram@tinibear）

Petite chica：Cosette（instagram@doll_chicabi）

ATOMARU：Sapildo（instagram@atomarudoll）

lovelyknitter：大野狼（instagram@lovelyknitter）
微笑路易：托托（bart0408.blog.me）

cacarote doll：cacarote（instagram@ cacarotedoll）

“實現不可能的唯一方法就是相信它是可能的。
你一定會到達某個地方。只要你走得夠久。”

Alice in Wonderland

愛麗絲夢遊仙境

“一直看著地圖有什麼用？別人畫好的地圖會有你想要去的地方嗎？你應該畫一張你自己的地圖啊。”

Hansel and Gretel

糖果屋

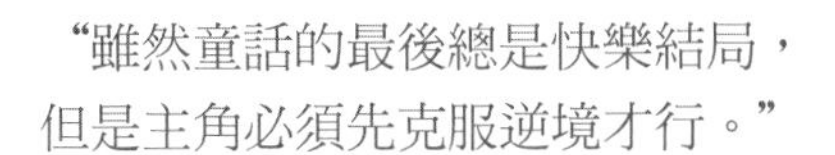
“雖然童話的最後總是快樂結局，
但是主角必須先克服逆境才行。”

Little Red Riding Hood

小紅帽

Anne of Green Gables

紅髮安妮

“真正幸福的日子，並不是發生精彩及令人驚訝之事的日子，
而是如同一顆顆串在一起的珍珠，
由單純且瑣碎的喜悅安靜地連接在一起的日子。”

1. Korinther 10.
1. Korinther 10. 11.

Goldilocks and the Three Bears

金髮女孩與三隻熊

“熊爸爸的湯太冷了，
熊媽媽的湯太燙了，
熊寶寶的湯最適合我了！”

Cinderella

灰姑娘

“絕對不要回頭，
假如灰姑娘為了撿玻璃鞋而折返的話，
她絕對不會遇到王子。”

Dorothy and the Wizard of Oz

綠野仙蹤

“我明白了我失去最珍貴的東西就是心臟。
戀愛的時候，我是世界上最幸福的男人。
但是沒有人會愛上一個沒有心臟的人。”
－錫樵夫

Girls in Sailor Dresses

水手服少女

“你有懷念的時光嗎？到靜謐的海邊走走吧！
你將可以很輕易地掏出回憶。”

〉〉熟悉基本針法

來熟悉一下製作娃娃服裝的必備基本針法吧！熟悉方法之後，必須練習將針趾縫成等長。針趾等長的話，服裝完成時，就能展現出正確的版型。如果看不懂說明，請上網搜尋關於針法的影片來參考吧。

打結

結打得太大或太小都會有問題。一起來學習輕鬆打出大小適中的結的方法吧！

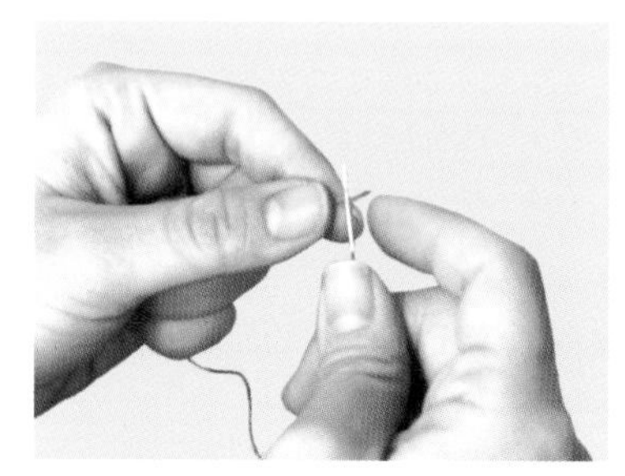

01 用針壓住線。

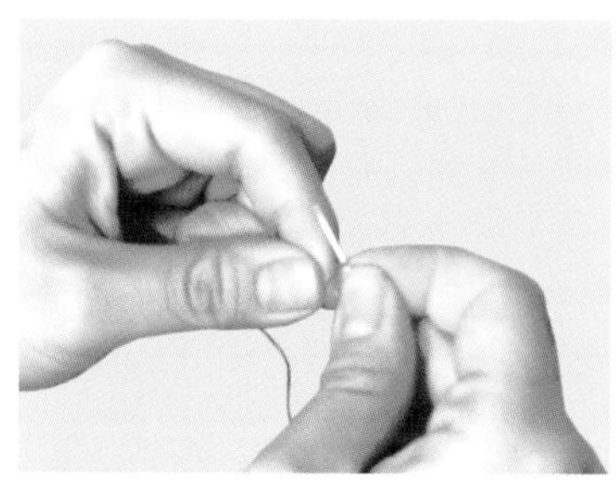

02 把線纏繞在針上，繞個兩三圈。

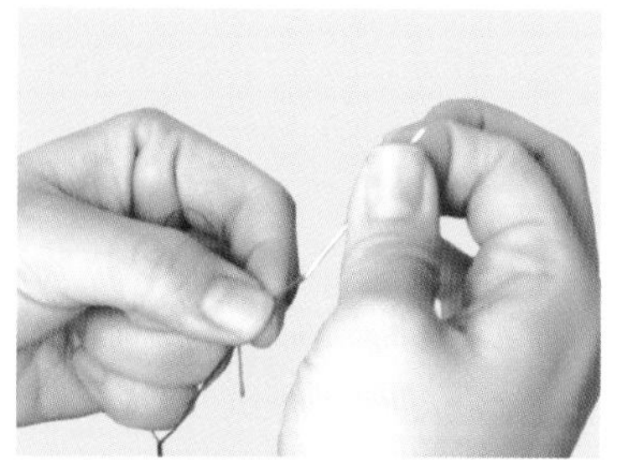

03 用大拇指壓住繞在針上的線，接著把針抽起來，就可以輕而易舉地打出一個結了。

※要製造皺褶的時候，為了讓線在拉扯時不會輕易鬆脫，最好打成比一般結還要厚實的結。
想要打出厚實的結，只要線多繞幾圈就可以了。

平針縫

可說是縫紉的基本針法。使針在布料上穿入穿出，一次就能縫三四針，為了避免布料產生皺褶，訣竅是慢慢地拉動針。

01 把針由布的上方往下刺，然後再從下方往上穿出來。

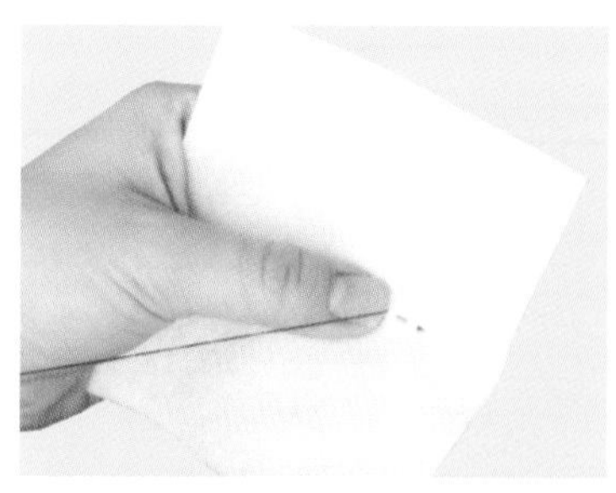

02 以固定的間距縫幾針之後，把針抽出來，就會變成照片中的樣子。

03 重複步驟 01～02，縫出想要的長度。

疏縫

因為是將布料進行臨時固定時使用的針法，所以針趾長度很長，且縫得很稀疏。縫法跟平針縫一樣。

回針縫

比平針縫更牢固的針法。把針由布料的背面往前穿出來，接著往右邊縫一針，然後以第一針為中心，從左邊與往右縫那一針等距的位置，由布料的背面往前穿出來。接著於緊貼第一針旁邊的位置，再次把針由布的正面往背面穿過去。

01 把針由布的上方往下穿入，再從大約一針的位置穿出來。

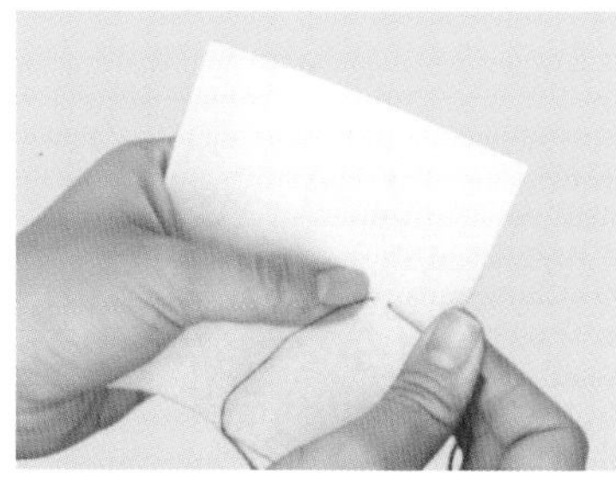

02 在靠近第一針的位置，再次把針由布的上方往下穿入。

03 從左邊與第一針等距的位置，把針由下往上抽出來。

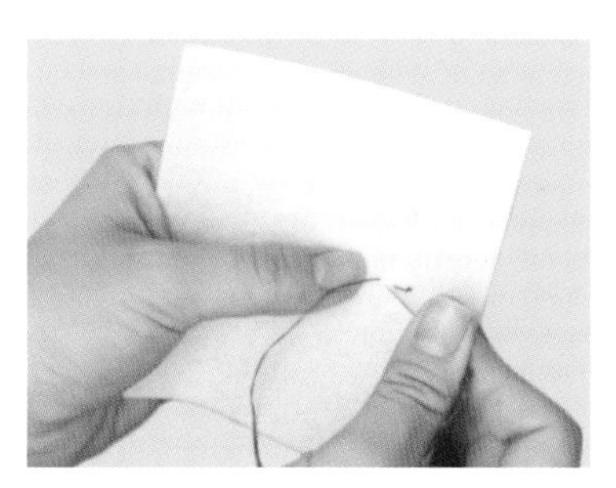

04 這樣就完成一組了。

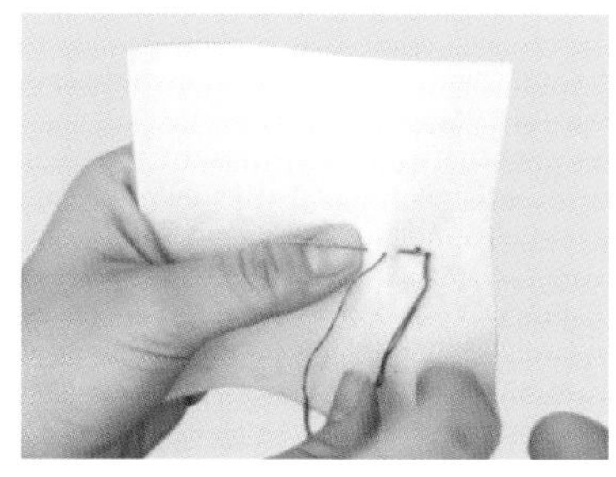

05 重複步驟 01～04，縫出想要的長度。

06 重複好幾次就會變成照片中的樣子。

斜針縫

想要把兩層布料牢固地縫在一起時使用的針法。會在表布上露出縫線。

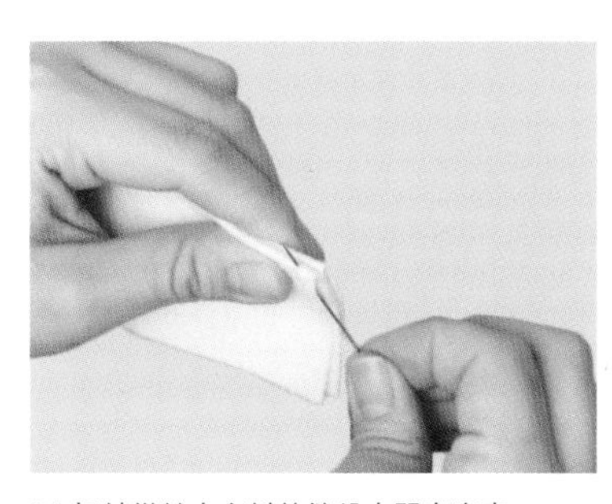

01 把針從前方布料的縫份之間穿出來。

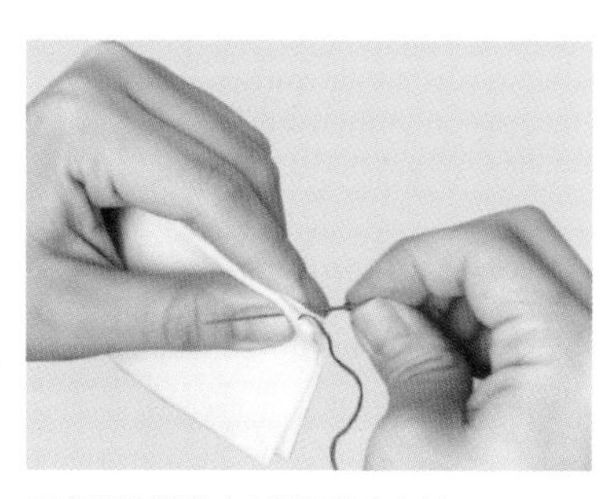

02 把針穿過後方布料和前方布料。

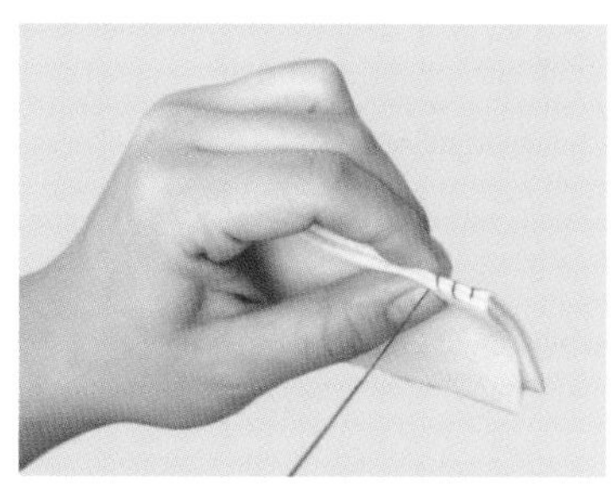

03 重複步驟01～02就會變成照片中的樣子。

藏針縫

避免縫合兩層布料的縫線顯露出來時使用的針法。

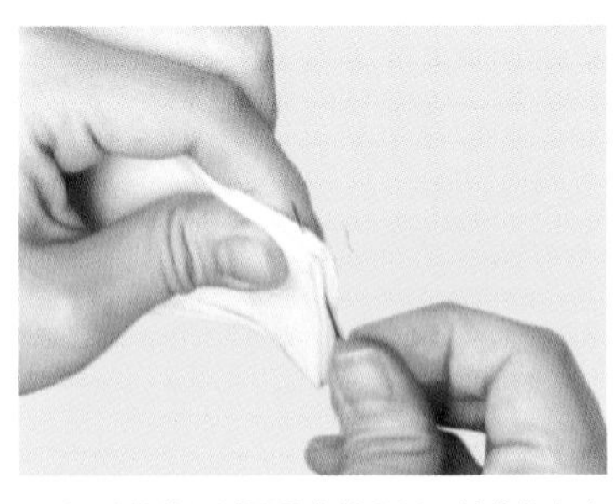

01 把針放進布料摺疊處的內側，然後往上穿出來。

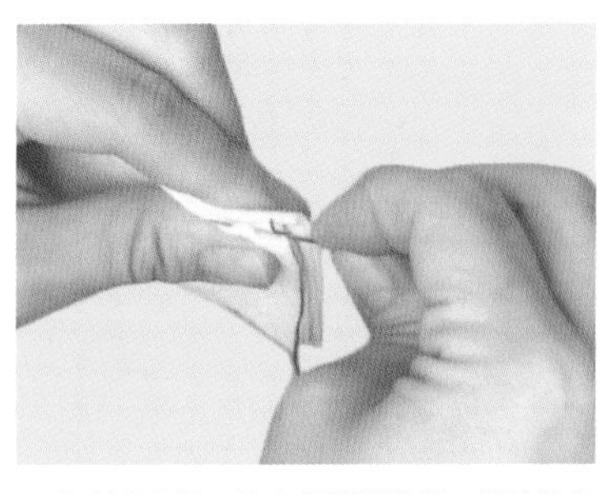

02 把針穿入另一片布料的摺疊處，然後往左縫一針。

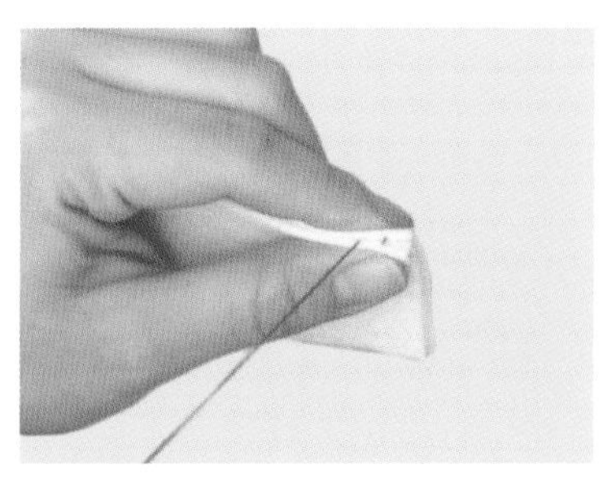

03 把線拉緊，就會變成照片中的樣子，縫線就不會顯露在表布上。

製作線環

利用珠珠或鈕釦製作門襟時，請親自製作可以扣住珠珠或鈕釦的線環來使用。

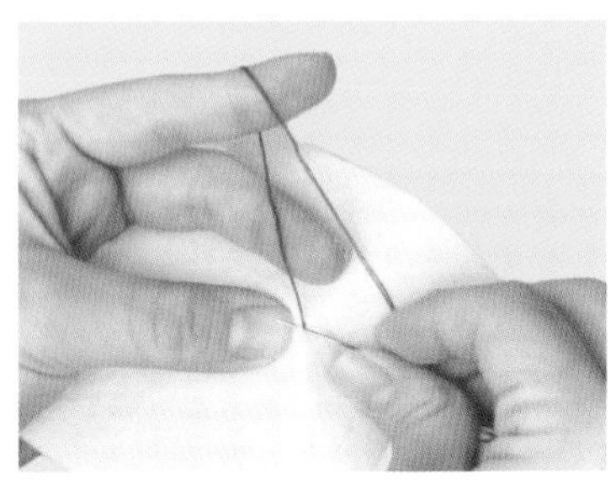

01 把針由布的下方往上穿出來，然後縫一針。

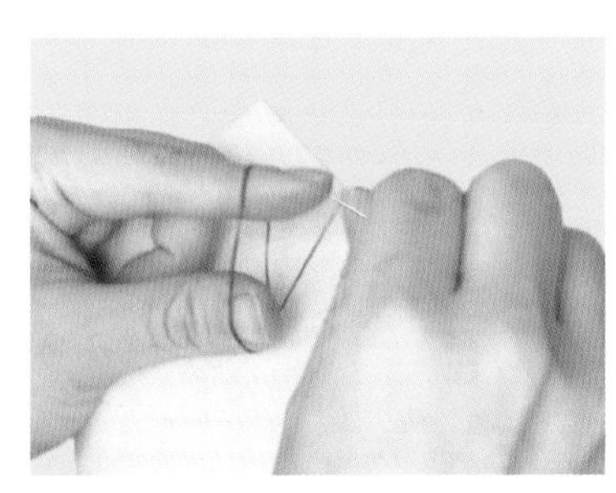

02 利用左手大拇指做成一個圓圈。

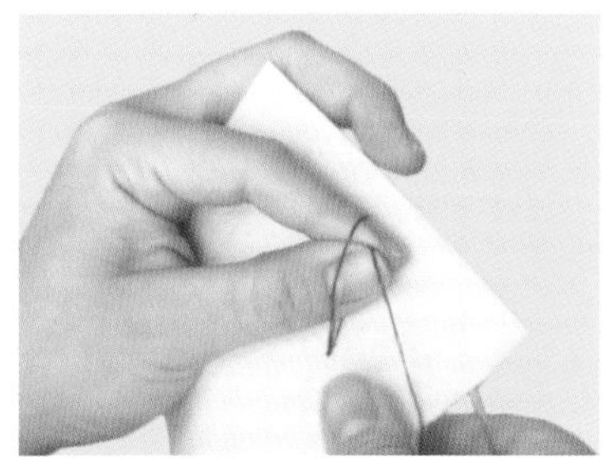

03 利用左手大拇指及食指將針上的線往圓圈中間拉。

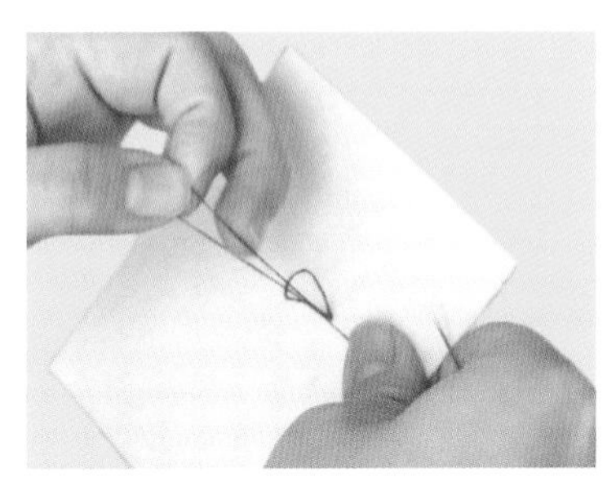

04 用右手大拇指壓住針上的線，然後拉緊。重複步驟 01～03，製作出想要的長度。

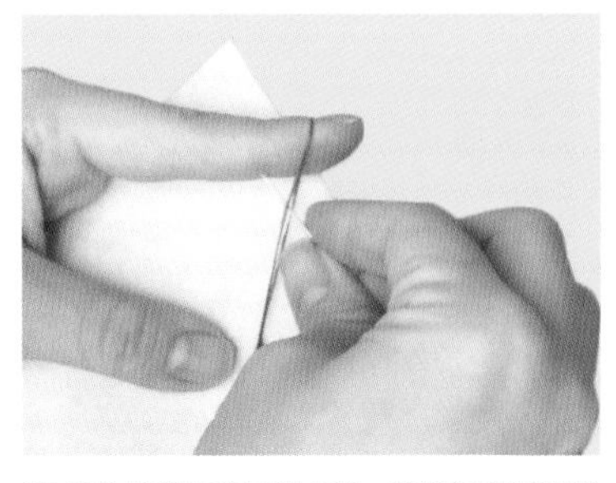

05 製作出想要的長度之後，讓針通過圓圈並拉緊。

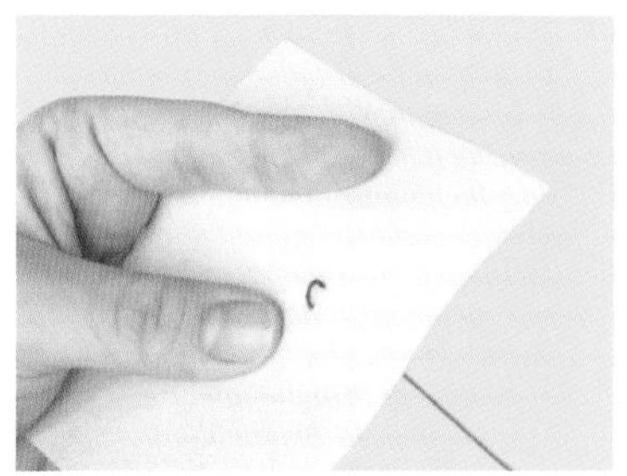

06 如果是要製作環形的線環，就要間隔一點距離，再把針往下穿過布料，然後打結收尾。

Tip 如果是要製作扣住珠珠的線環，就要從緊貼第一針旁邊的位置把針穿過去，然後打結。

羽毛繡

展現出羽毛圖樣的刺繡法，要兩邊來回繡。※在熟悉之前，最好畫上輔助線再開始繡。

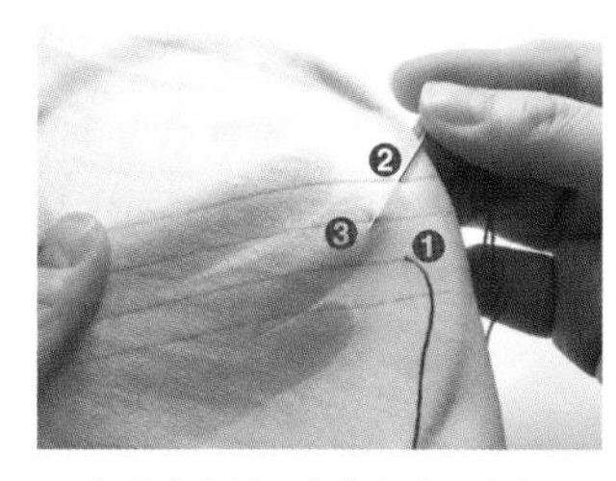

01 把針由布料下方往上穿出來之後（❶），再從❷的位置入針，並從❸出針。

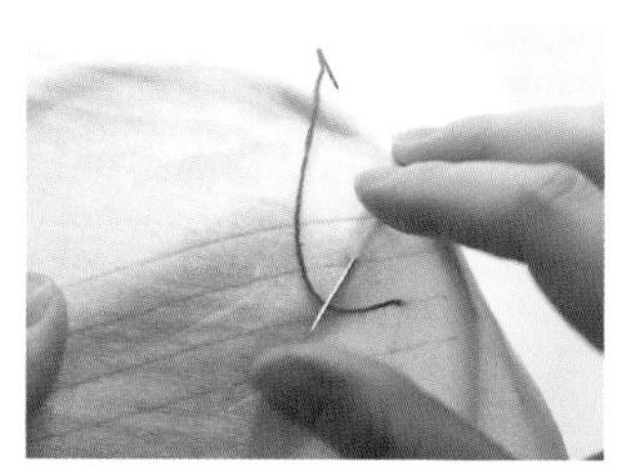

02 把線繞過針尖下方。

03 在拉住線的狀態下，從右下方入針，從布料上方往下穿過，再從左上方往上出針。

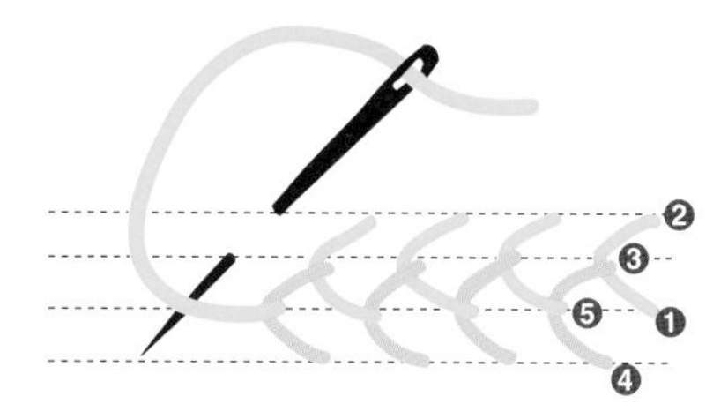

鎖鏈繡 & 雛菊繡

鎖鏈形狀的刺繡多用於連續的線形裝飾。繡完一個鎖鏈繡就收尾的話，就變成雛菊繡了。雛菊繡主要是用來繡花。

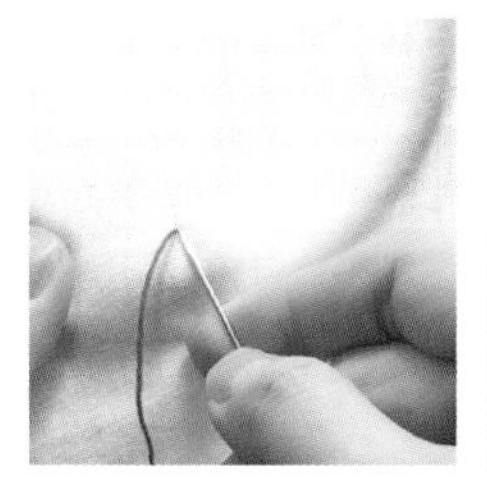

01 把針由布料下方往上穿出來之後，在緊貼第一針的位置縫一針，然後把線繞過針尖。

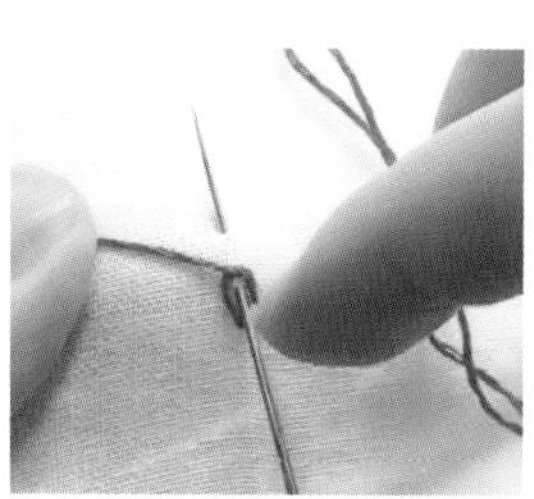

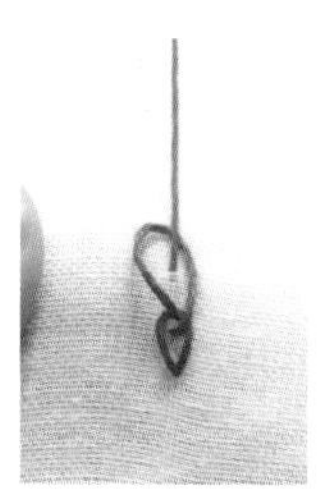

02 把針抽出來。用大拇指壓住線，重複步驟 1。

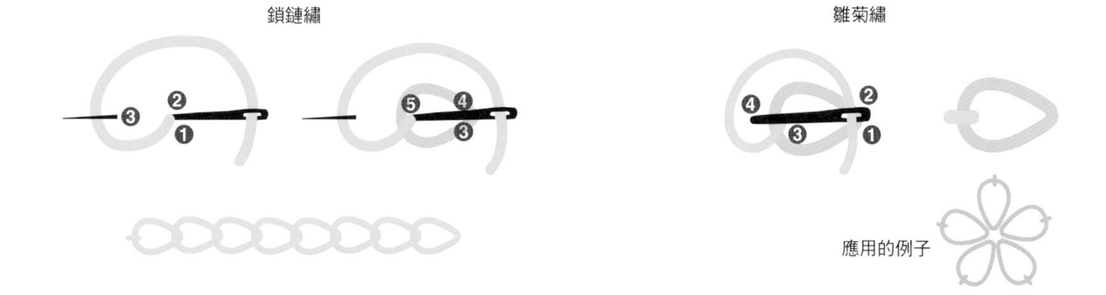

作者：Radio（崔智恩）

部落格：blog.naver.com/radiovoice

instagram：@lovelyravely

Chapter 1

愛麗絲夢遊仙境

Alice in Wonderland

糖果屋

Hansel and Gretel

愛麗絲服裝套組

說到愛麗絲，最先想到的就是藍色連身洋裝加上白色圍裙。
在可愛的蓬蓬袖及傘襬裙上，
搭配由網紗和蕾絲製作而成的圍裙。

•組成•

連身洋裝、圍裙、四角內褲、長筒襪（只提供紙型：跟漢賽爾的長筒襪共用同一個紙型）

step1. 愛麗絲連身洋裝

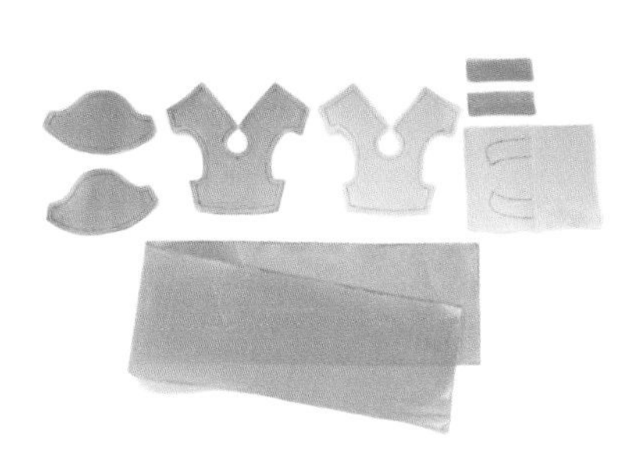

01 布料依照紙型剪好之後，所有邊緣都塗上防綻液。

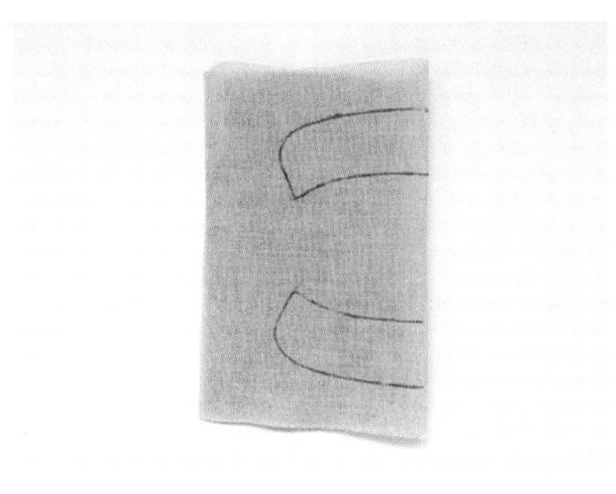

02 將領子布料對半摺，再放上紙型並進行描繪。

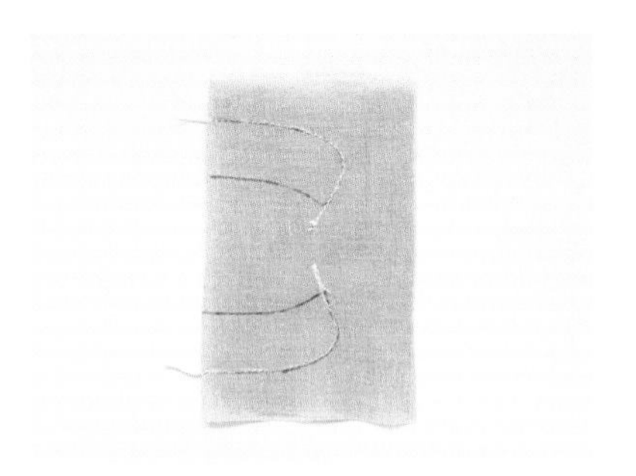

03 領子要像照片中那樣，沿著紙型的完成線縫合。

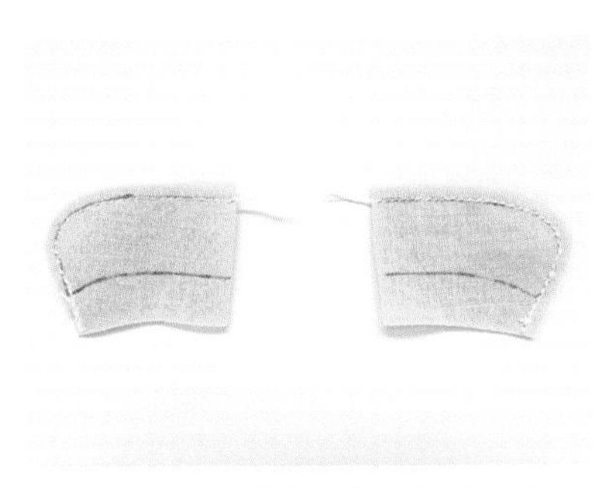

04 領子曲線區域的縫份修剪成只留下 2～3mm，頸圍那邊的縫份則留下 5mm 左右。

05 將步驟 4 的領子翻面並燙平。

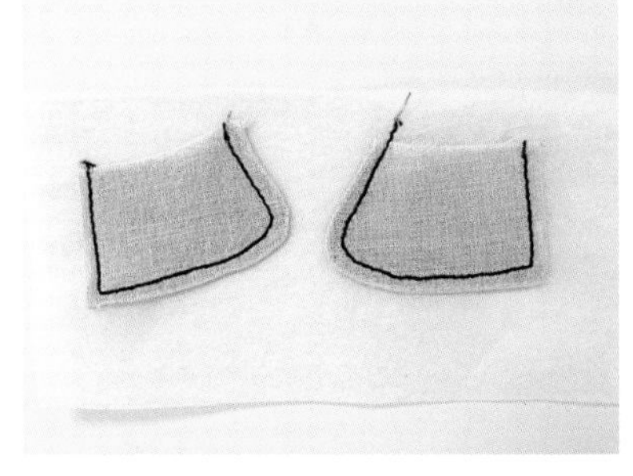

06 利用別種顏色的線，以 2～3mm 為間隔，在領子的正面縫壓線。

Tip 如果這時候在底下鋪墊內襯紙，就能防止布料被捲入縫紉機。

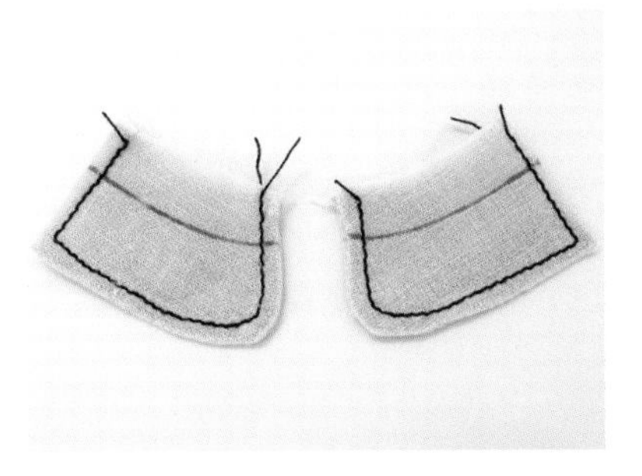

07 將領子紙型放到縫製好的領子上，然後再描繪一次頸圍那邊的完成線。

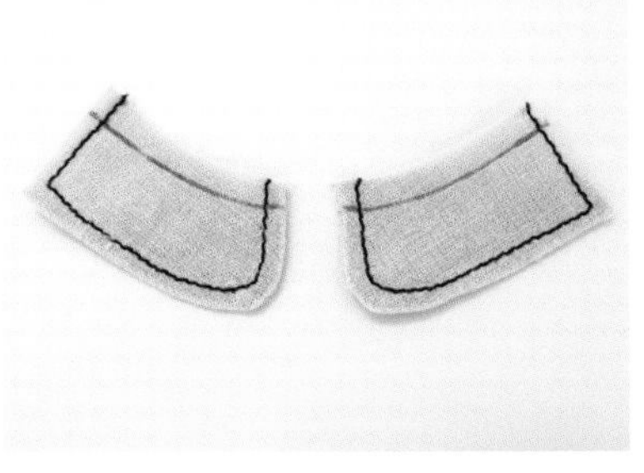

08 將頸圍那邊的縫份修剪成只留下 3mm。

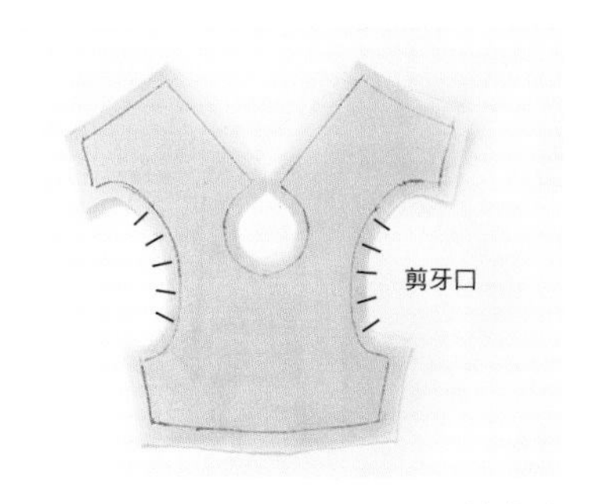

09 在上衣裡布的袖襱區域剪牙口，接著將縫份往內摺並縫合。

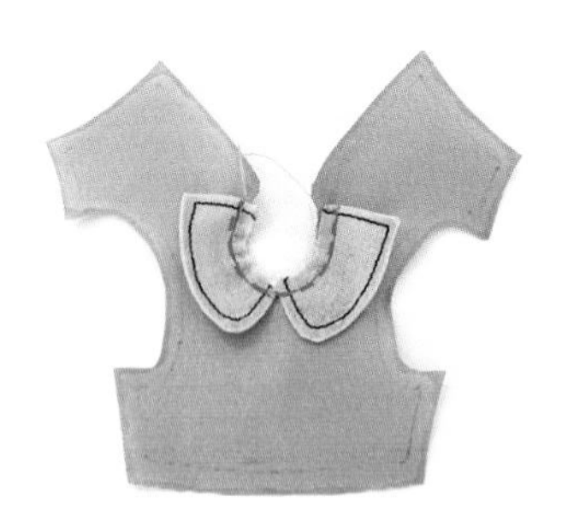

10 將上衣表布和領子正面對正面貼合，用珠針固定住領子之後縫合。

Tip 這時候請在上衣表布標示出中心線，使領子左右兩邊能均等地貼合上去。

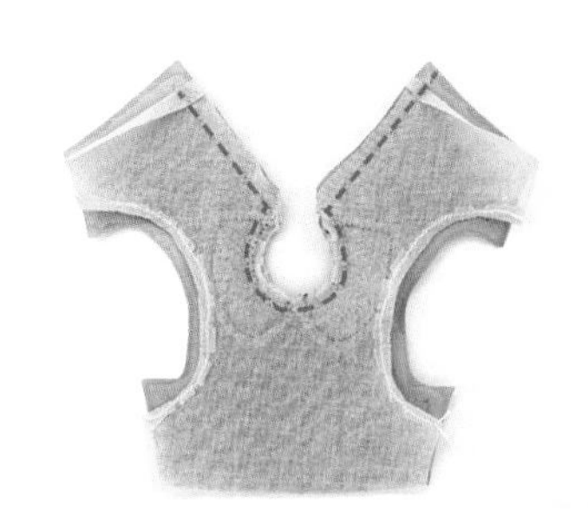

11 將縫上領子的表布和裡布正面對正面貼合，沿著頸圍縫合。這時候裡布的後片下襬，也就是腰圍區域的縫份，要摺起來再縫合。

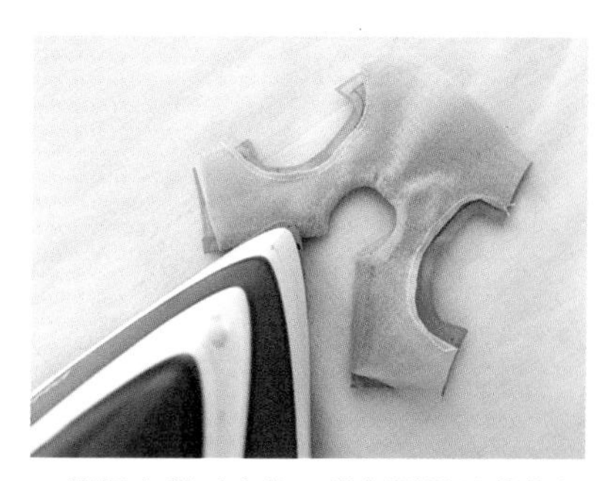

12 將裡布翻面之後，進行熨燙並稍作整理。

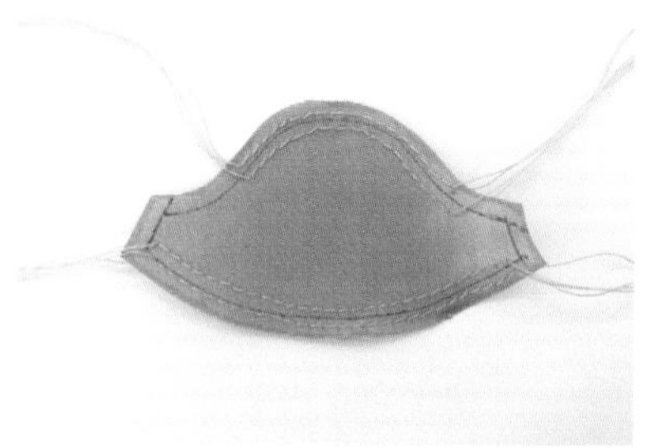

13 分別在袖山弧線及袖口縫兩條平針縫線。（以完成線為中心，上下各縫一條線）

Tip 如果是使用縫紉機的話，請將張力調鬆、針趾調長之後再縫上兩條線。

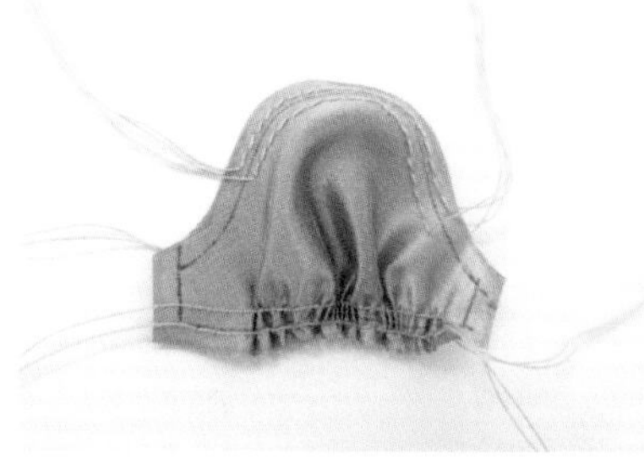

14 拉扯袖口的平針縫線，適當地製造出皺褶。

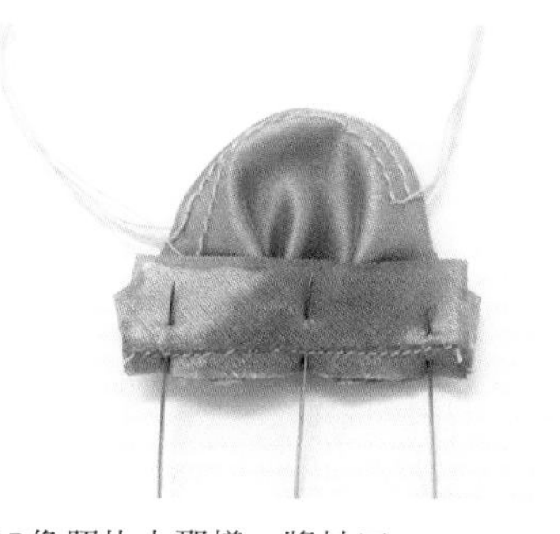

15 像照片中那樣，將袖口及袖口裁片正面對正面貼合，並沿著完成線縫合。

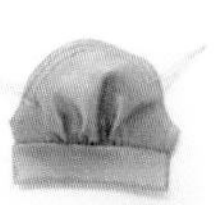

縫合後將袖口裁片往下摺的樣子

16 將袖口裁片對半摺之後，再將縫份往內摺，並沿著袖口裁片的上邊線縫合。（將製造皺褶的平針縫線拆除）

17 拉扯袖山的平針縫線，製造出皺褶。

18 將上衣表布和袖子正面對正面貼合，縫合袖襱，使兩者結合在一起。（將製造皺褶的平針縫線拆除）

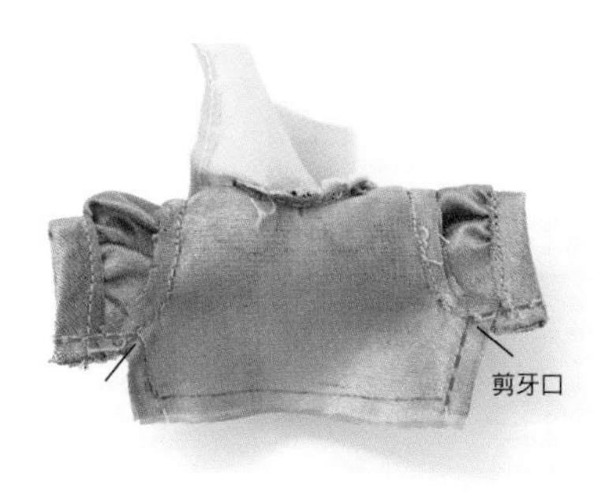

19 將上衣對半摺，再將側縫及袖子下緣線對齊並縫合。

Tip 這時候要在袖子曲線區域及袖子與側縫的交會處剪牙口。

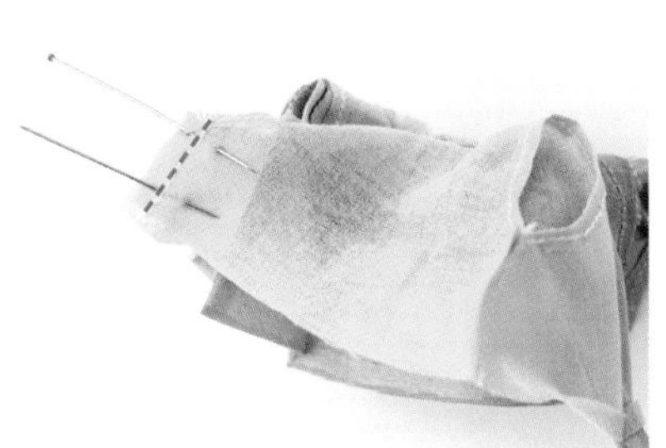

20 上衣裡布的側縫用珠針固定後，以回針縫縫合。

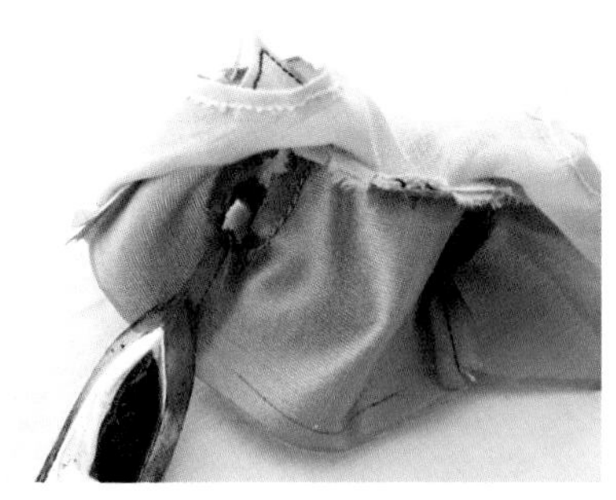

21 將上衣表布的側縫縫份朝兩邊分開並燙平。

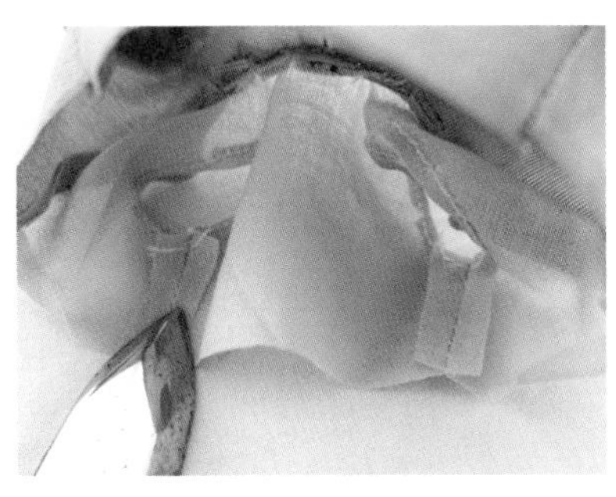

22 將上衣裡布的側縫縫份也朝兩邊分開並燙平。

23 裙子除了腰圍區域的縫份之外，其他的縫份都往內摺並縫合。

24 用跟步驟 13 一樣的方法，在腰圍的縫份上縫兩條平針縫線之後，拉扯縫線，製造出皺褶。

25 用熨斗將裙子的皺褶壓燙過一遍，並稍作整理。

26 將裙子和上衣正面對正面貼合，然後沿著腰圍線縫合。（將製造皺褶的平針縫線拆除）

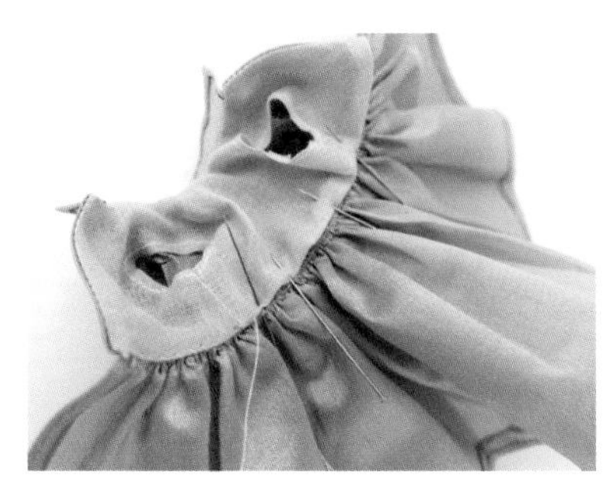

27 將裡布腰圍的縫份往內摺，用藏針縫或斜針縫固定。

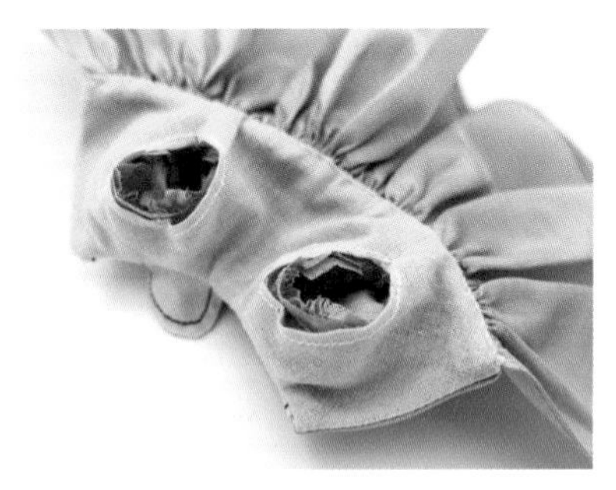

28 肩線邊緣及側縫邊緣各縫一針，將裡布固定在表布上。

29 像照片中那樣，將裙子後中心線從裙襬縫合到紙型標示的位置。

30 將暗釦縫到後門襟上，並確認衣服整體的樣子。

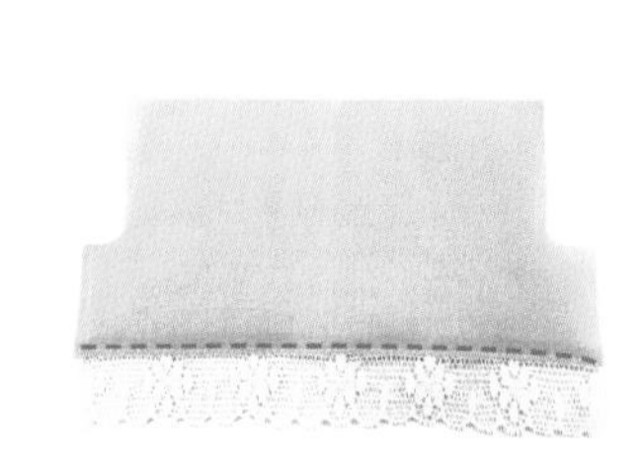

• 製作步驟 •

step2. 愛麗絲四角內褲

01 布料依照紙型剪好之後，所有邊緣都塗上防綻液。

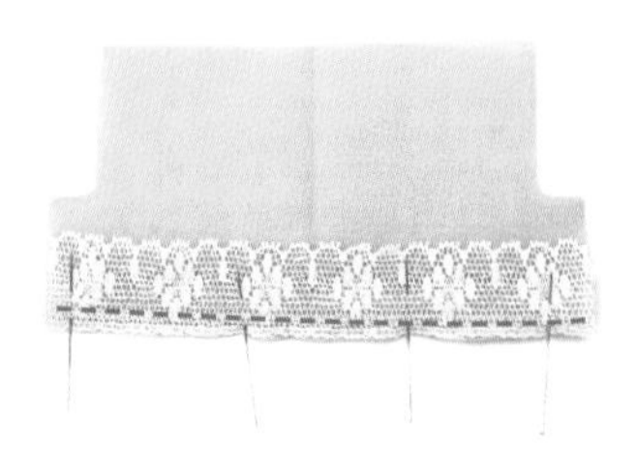

02 將內褲下襬和蕾絲正面對正面貼合，用珠針固定之後，沿著完成線縫合。

03 將蕾絲往下放，並將縫份往上摺，熨燙之後在完成線上方縫壓線固定。另一片布料也用同樣的方法製作好備用。

04 將兩片布料正面對正面貼合，沿著上襠完成線縫合。

05 將上襠縫份朝兩邊分開並燙平。

06 將腰圍縫份依照紙型的標示線往內摺兩次，燙平之後縫合腰圍線。

內面的樣子

07 將內褲下襬內面朝上，再將鬆緊帶放到蕾絲縫份上縫合。

Tip 將鬆緊帶拉到最緊繃的狀態再進行縫合。

08 反裡針穿過腰圍線之後，勾住鬆緊帶再往回拉。將腰圍縮成 7cm 左右。

Tip 將鬆緊帶的其中一端摺起來再掛到勾環上，鬆緊帶才不會從反裡針上脫落。

09 將兩側上襠正面對正面貼合，用珠針固定之後，沿著完成線縫合。

Tip 反裡針可在材料店買到。

10 在上襠縫份的曲線區域剪牙口。

11 將褲子的前片和後片對齊貼合之後，縫合大腿內側的區域。

12 將縫好的內褲翻面，稍作整理之後，在正面縫上緞帶蝴蝶結就完成了。

step3. 愛麗絲圍裙

01 將紙型放到網紗上並進行剪裁。這時候上衣要像照片中那樣，只將紙型固定在網紗上備用。

02 將蕾絲放在裙子兩側並縫合。這時候下端要多留一點蕾絲。

03 將蕾絲放在裙襬並縫合。兩端要多留一點蕾絲。

Tip 將蕾絲放在網紗上進行縫紉時，如果在底下鋪墊內襯紙，就能防止網紗被捲入縫紉機。

04 只要縫到側縫蕾絲和裙襬蕾絲的交會處就好。

05 將裙子側縫對齊裙襬摺疊，像照片中那樣。

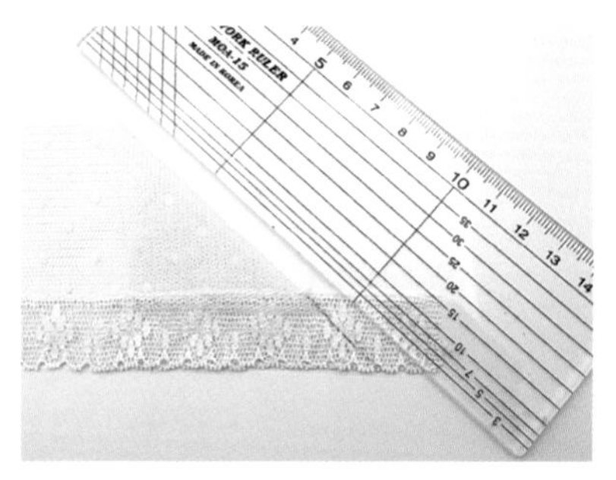

06 用尺貼齊摺疊處的斜線，在蕾絲上畫上輔助線。

07 沿著步驟 6 畫上的線縫合，然後修剪成只留下縫份。

08 將縫好的蕾絲進行熨燙，並稍作整理。

09 另一邊也用相同的方法縫合。

10 為了在腰圍製造皺褶，要在腰圍縫份上縫兩條平針縫線。

Tip 如果是使用縫紉機的話，請在底下鋪墊內襯紙，縫完再把紙拆除。

11 拉扯平針縫線，製造出皺褶。

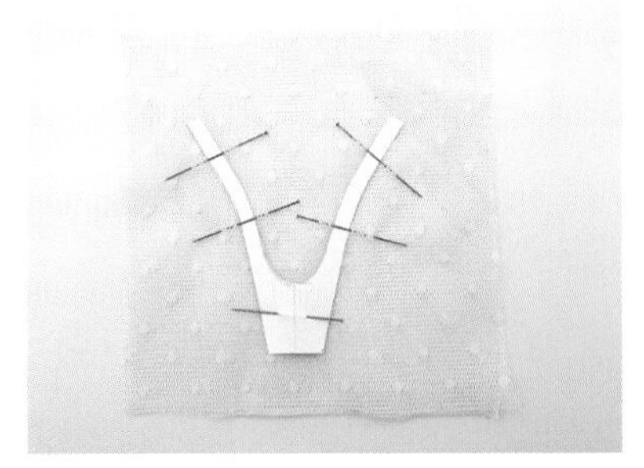

12 疊好兩層網紗之後，再放上紙型，然後用珠針固定。

Tip 因為很難用筆在網紗上描繪紙型，所以採用這種方法。

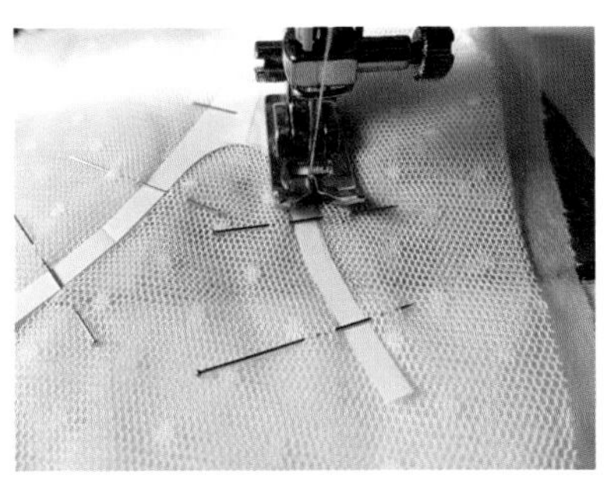

13 沿著紙型縫合包含腰圍縫份的側縫及頸圍。

14 縫好之後將紙型拆除。

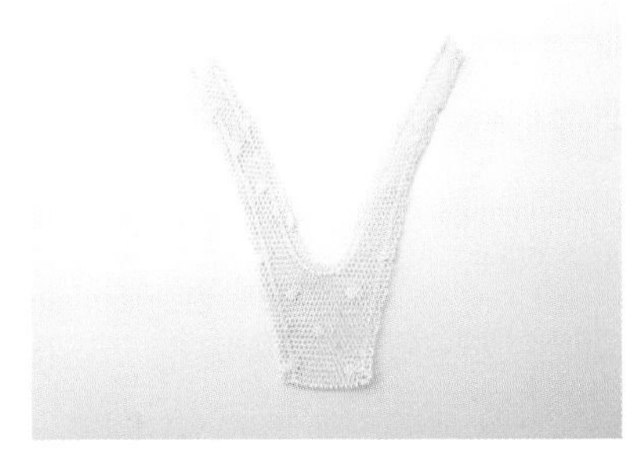

15 留下距離縫線 3mm 左右的縫份，其餘的都剪掉。

Tip 由於網紗很透明，如果縫份太寬的話，看起來很不精緻。3mm 左右比較剛好。

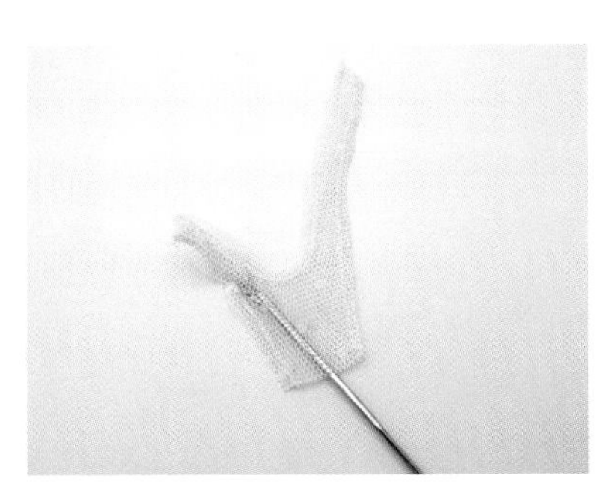

16 用反裡針翻面。

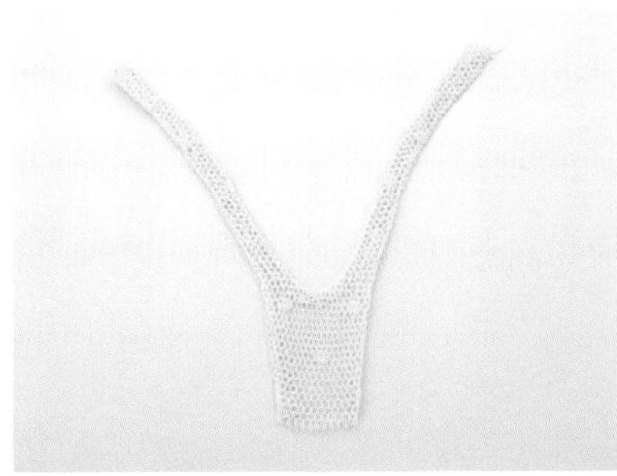

17 用熨斗。

Tip 請注意熨斗的溫度。用低溫熨燙才能防止網紗捲曲或燙焦。

18 在上衣兩側縫上蕾絲。像照片中那樣，將上衣正面朝上，並放上蕾絲（只疊放在上衣縫份上）之後，沿著袖襱縫合。

Tip 如果是有花紋的蕾絲，必須留意左右要對稱。

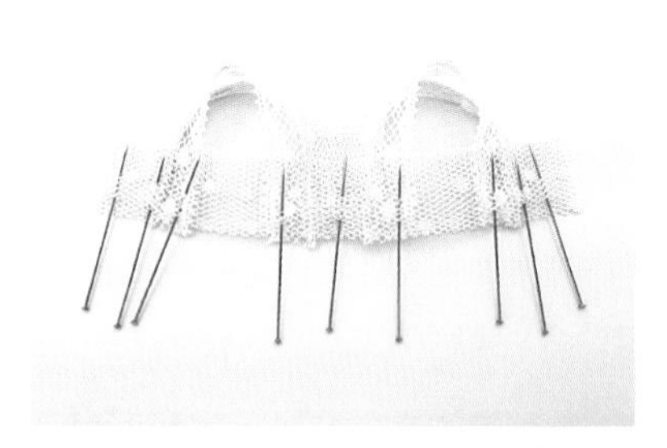

19將上衣（前片和肩帶）放在兩片腰帶之間，對齊紙型上標示的位置之後，用珠針固定並沿著完成線縫合。

20將縫好的腰帶往下摺，用熨斗邊燙邊調整形狀。

21將腰帶前片及裙子正面對正面貼合，用珠針固定之後，沿著完成線縫合。

22將腰帶後片放下來，並將縫份往內摺，然後用珠針固定。這時候腰帶兩側的縫份也要摺好固定。

23從圍裙的正面，沿著結合腰帶和裙子的完成線縫合。

24將用來當綁帶的蕾絲（寬 8mm、長 28～30cm 左右）固定在腰帶上，上下各縫一條縫線。

Welcome to wonderland!

葛麗特連身洋裝套組

好像外束一件馬甲背心的馬甲圖案連身洋裝。
由紅色、黃色、黑色組成的活潑色彩，
表現出歐洲傳統服飾的強烈感覺。
用蕾絲縫製的圍裙，更是增添了少女情懷。

• 組成 •

連身洋裝、圍裙、襪子（只提供紙型）

step1. 葛麗特連身洋裝

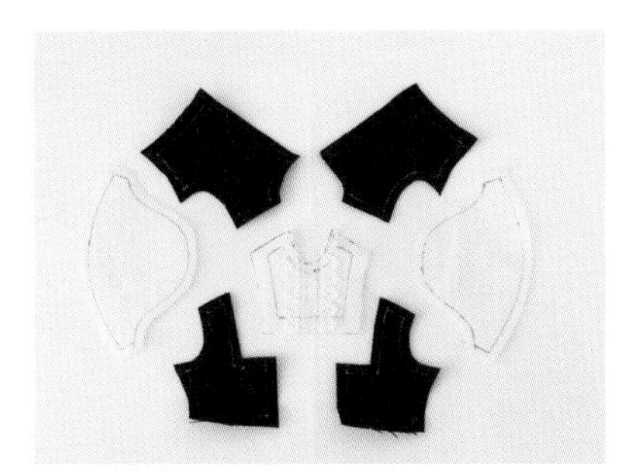

01 將紙型放在布料的背面，進行描繪及剪裁。（上衣前片紙型請參考步驟 2）

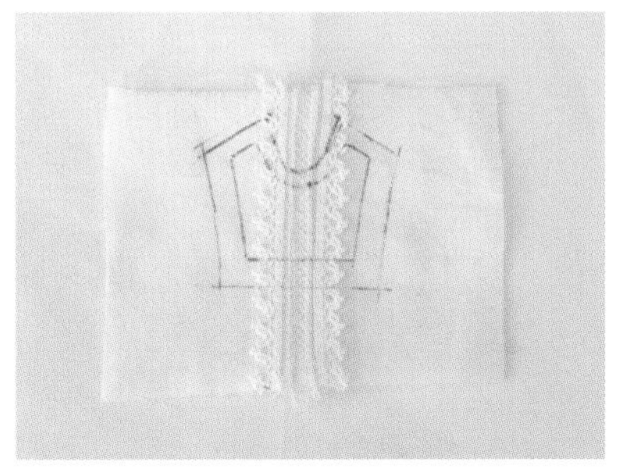

02 將蕾絲放在布料中心並縫合，接著將洋裝上衣紙型仔細對齊布料後，再進行描繪及剪裁。

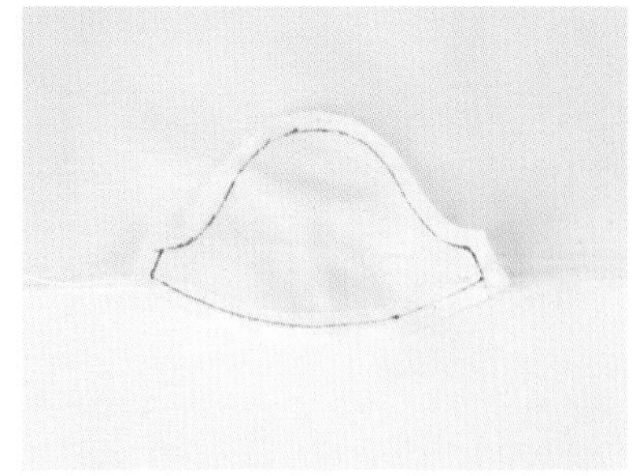

03 以袖口完成線為中心，上下各縫一條平針縫線。

Tip 如果是使用縫紉機的話，請將張力調鬆、針趾調長之後再縫上兩條線。

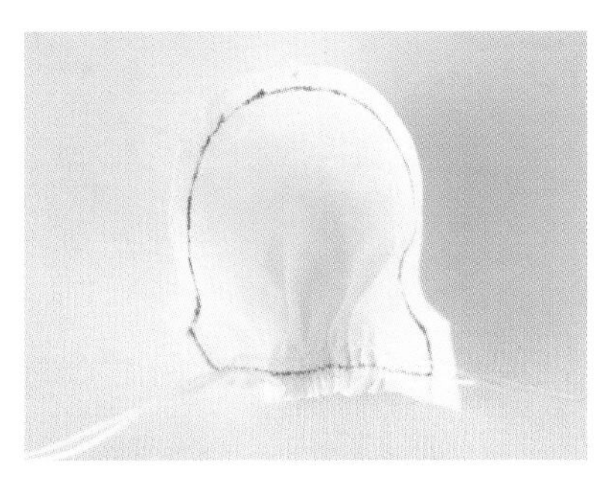

04 將步驟 3 的平針縫線往兩側拉，使袖口的寬度縮減成 3.5cm 左右。

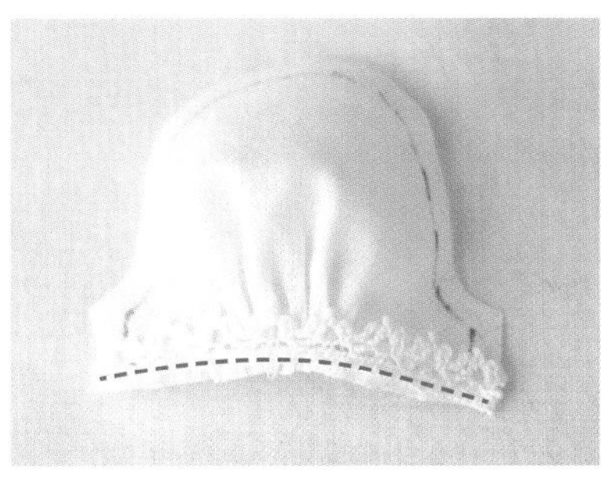

05 將用於袖口的蕾絲長度剪成 3.5cm 之後，將蕾絲和袖口正面對正面貼合，並沿著完成線縫合。（蕾絲的底部要和袖口的縫份邊緣對齊）

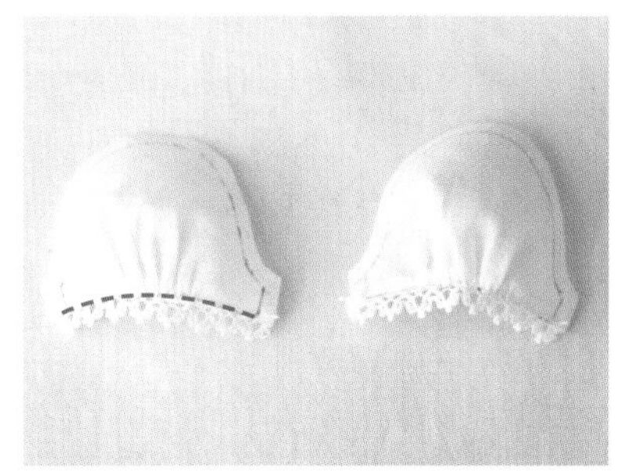

06 將縫上蕾絲的袖口縫份往上摺，然後從袖口完成線的正上方縫壓線，做出袖子的形狀。重複步驟 3～6，將另一個袖子也縫製好。（縫好之後，將製造皺褶的平針縫線拆除）

07 跟步驟 3 一樣，將針趾的長度調長之後，在袖山弧線縫兩條平針縫線。

08 將步驟 7 的平針縫線往兩側拉，適當地拉扯後，製造出皺褶。

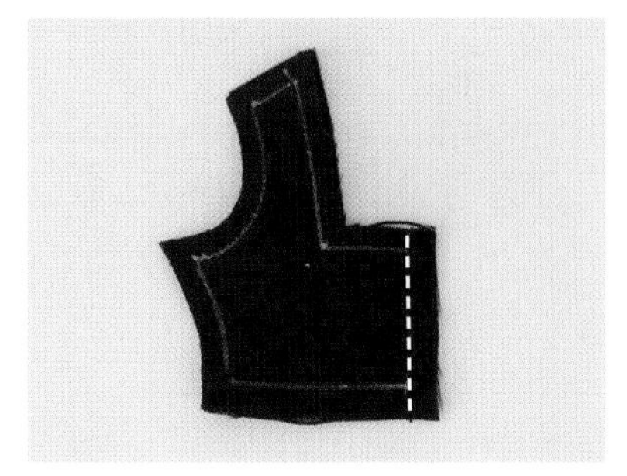

09 將馬甲形狀的上衣前片布料正面對正面貼合，然後沿著前片中心線的完成線縫合。

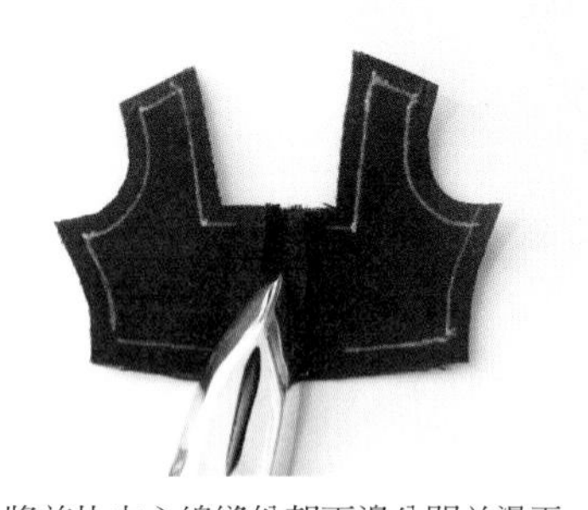

10 將前片中心線縫份朝兩邊分開並燙平。

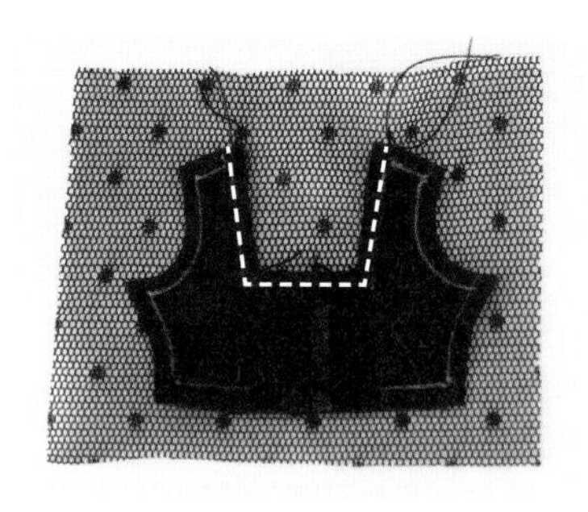

11 將上衣前片和黑色網紗正面對正面貼合，然後沿著頸圍縫合。

12 依照前片的形狀剪裁網紗。

13 以縫合的頸圍為中心將上衣翻面，翻到正面之後進行熨燙。

14 將步驟 13 的背心正面朝上，放到縫上蕾絲的前片上，對齊前片中心線，用珠針固定之後，沿著背心的頸圍縫壓線。

15 將上衣表布的後片和步驟 14 的上衣前片對齊後，縫合肩線。

16 將步驟 15 的上衣和袖子正面對正面貼合後，從袖山的中心開始插上珠針固定，然後沿著完成線縫合，替上衣兩邊縫上袖子。（縫好後，將製造皺褶的平針縫線拆除）

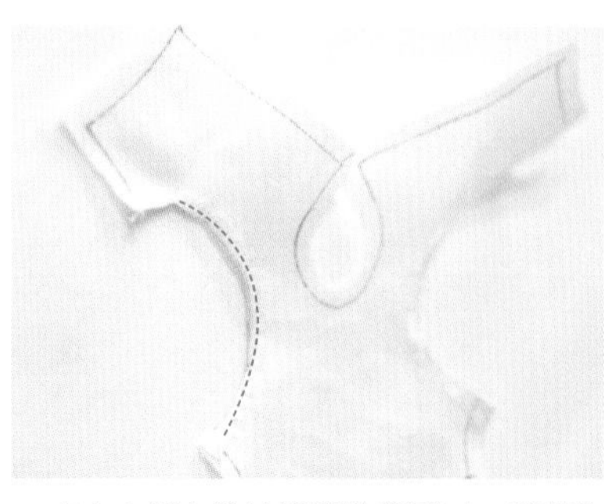

17 在上衣裡布的袖襱縫份剪牙口，接著往內摺並縫合。

18 將上衣表布和裡布正面對正面貼合，然後沿著後門襟及頸圍縫合。

19 將裡布翻面之後，一邊熨燙頸圍和後門襟，一邊調整形狀。

20 以上衣肩線為中心對半摺，然後將側縫及袖子下緣線縫合。

21 裡布的兩側側縫也沿著完成線縫合。

22 將側縫縫份朝兩邊分開，用熨斗燙平後翻面，然後調整上衣的形狀。

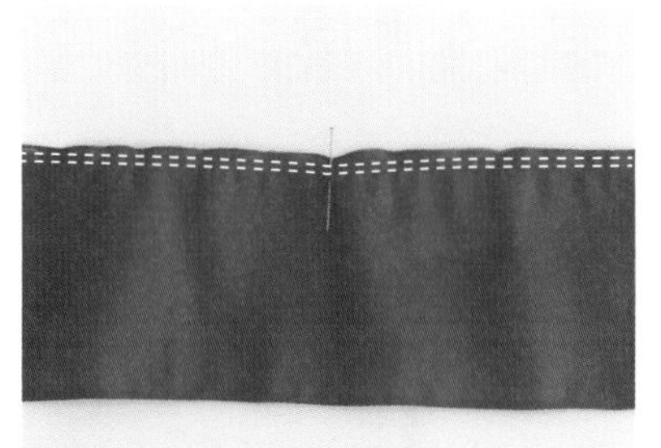

23 將裙襬往內摺一次並縫合，然後在腰圍上標示出中心，將針趾的長度調長之後，在腰圍縫份上縫兩條平針縫線。

Tip 如果是手縫的話，裙襬縫份摺好之後，請用藏針縫縫合。

24 將平針縫線往兩側拉，使腰圍長度縮減（要跟步驟 22 的上衣下襬周長一樣長），並製造出皺褶。

25 將上衣和裙子正面對正面貼合，用珠針固定之後，沿著完成線以回針縫縫合。

26 將裙子後中心線的完成線互相對齊，從裙襬往上縫合 4cm 左右就好。

27 將後片中心線的縫份朝兩邊分開。

28 將上衣裡布的縫份往內摺，並以斜針縫固定在裙子上。

29 將頸圍的蕾絲長度修剪成 11cm，將內襯紙鋪墊在蕾絲下，上下各縫一條線，接著將內襯紙拆除。

Tip 縫合時請把針趾調長，如果是手縫的話，請以平針縫縫合。

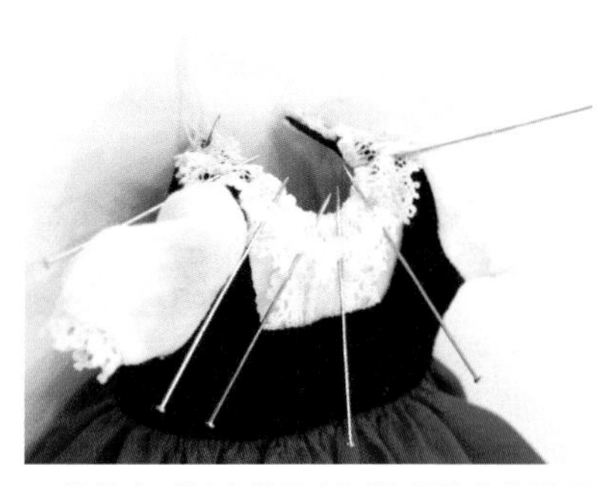

30 將縫在要用來裝飾頸圍的蕾絲上的縫線往兩側拉，調整成頸圍的長度後，貼合到頸圍上，用珠針固定，並沿著頸圍縫合。

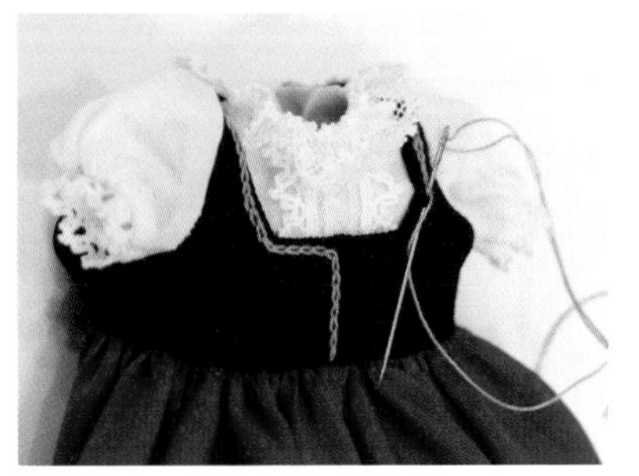

31 沿著馬甲頸圍及前門襟線繡上鎖鏈繡作為裝飾。

Tip 鎖鏈繡的刺繡方法請參考第 35 頁。

32 在馬甲的前片中心線上，以適當的間距縫上 3 個珠珠，呈現出鈕釦的樣子。

33 在頸圍中心縫上緞帶蝴蝶結，然後在後門襟縫上兩組暗釦作為結尾。

step2. 葛麗特圍裙

01 準備長 5cm、寬 8cm 的蕾絲，要用來當作圍裙，接著將蕾絲兩側往內摺兩次，每次摺 5mm，然後將內襯紙鋪墊在底下，縫合之後將內襯紙拆除。

02 將縫合的兩側燙平之後，在蕾絲的上邊（腰圍的那邊）縫兩條平針縫線，兩線距離 2mm，然後拉扯平針縫線，使寬縮減為 3cm。

Tip 製造出皺褶的地方如果有用熨斗輕輕按壓過，形狀會更漂亮。

03 將寬 5mm、長 30cm 的長條蕾絲放到步驟 2 的蕾絲上面，用珠針固定之後，上下各縫一條縫線，將綁帶縫好。

Tip 綁帶兩端請塗上防綻液。

漢賽爾服裝套組

在麂皮上刺繡及用刺繡織帶
來展現歐洲的傳統服飾。
為了能夠和其他服裝搭配，
請用各種素材及顏色來製作帽子和襯衫吧！

• 組成 •

費多拉帽、短褲、襯衫、長筒襪（只提供紙型）

step1. 漢賽爾襯衫

01 在布料的背面描繪襯衫需要的紙型，並進行剪裁。這時候袖口裁片不是以直布紋方向剪裁，而是以斜布紋方向剪裁。

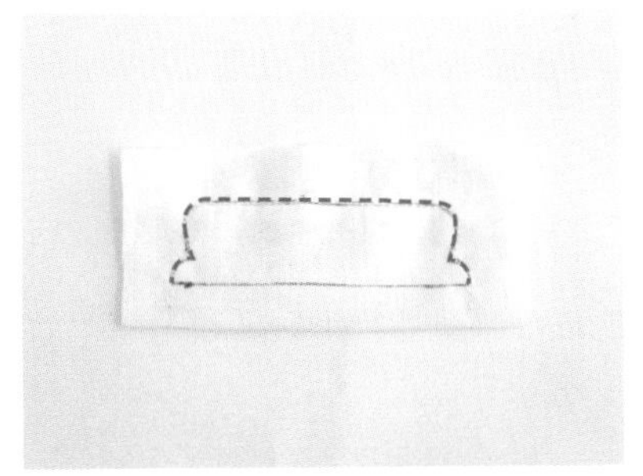

02 領子是將兩片布料疊放，從內面依照紙型描繪之後，縫合頸圍以外的地方。將縫份修剪成只留下 2～3mm。

03 在領子縫份剪牙口並翻面，然後用熨斗燙平。

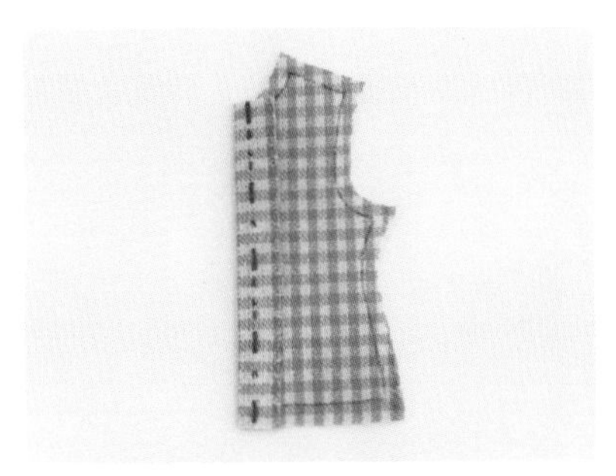

04 將前片紙型上標示的門襟（縫份）往內摺並進行熨燙。

05 將前片和後片正面對正面貼合，用珠針固定肩線後縫合。

06 將肩線縫份朝兩邊分開並燙平。

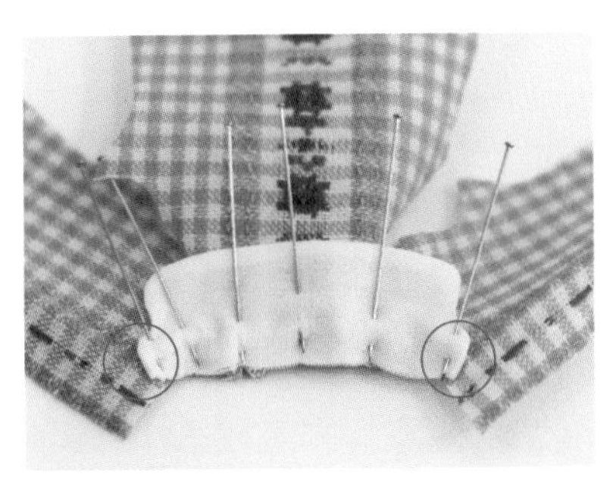

07 將前片和領子正面對正面貼合，並用珠針固定。（這時候領子的兩端必須放在用熨斗燙出來的門襟內側邊線上）

08 將門襟摺到領子上，再沿著領子完成線縫合。

09 門襟翻面之後，將領子和前片縫合處的縫份往下摺，然後從背面沿著頸圍縫壓線。

10將對半摺的袖口裁片貼合在袖子的背面，用珠針固定之後，沿著完成線縫合。

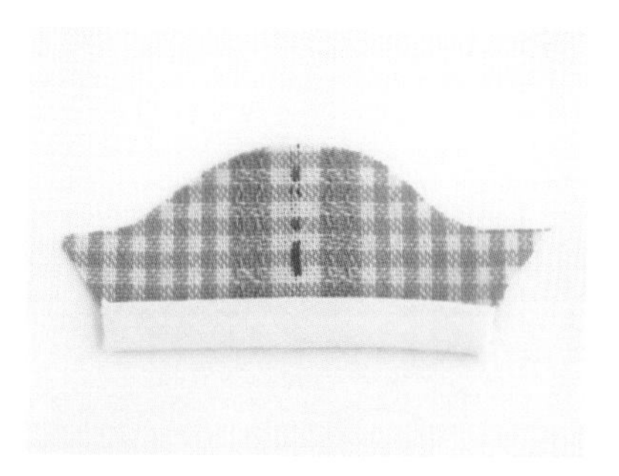

11將袖口裁片往正面摺，然後進行熨燙。

12用珠針固定上衣的袖襱和袖子後縫合。

Tip 從袖山的中心開始插珠針，上衣和袖子的中心才能好好對齊。

13以肩線為中心對半摺，然後將側縫和袖子下緣線縫合。

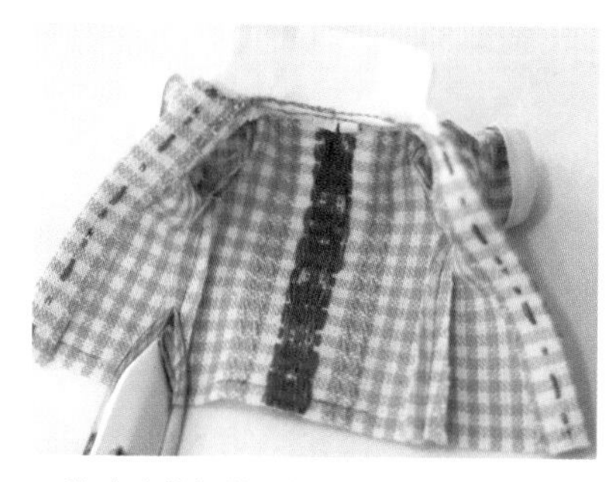

14將上衣的側縫縫份朝兩邊分開，然後用熨斗燙平。

15將門襟往外翻之後，將門襟下襬縫合且只要縫門襟的寬度。

Tip 門襟縫份的尾端要以斜線剪掉，這樣才能防止縫份擠成一團。

16將裁縫好的門襟翻回來，然後將襯衫下襬縫份往內摺並縫合。

17在兩邊的前門襟內側各縫上一片魔鬼氈。

18在前門襟要縫上珠珠的位置，以 1cm 為間距進行標示後，將珠珠縫上去作為結尾。

step2. 漢賽爾短褲

01 將褲子紙型放到布料上描繪並剪裁，然後將前片的裁切線縫合。

02 將縫份朝兩邊分開後，從正面沿著縫合線兩側縫壓線，左右各一。

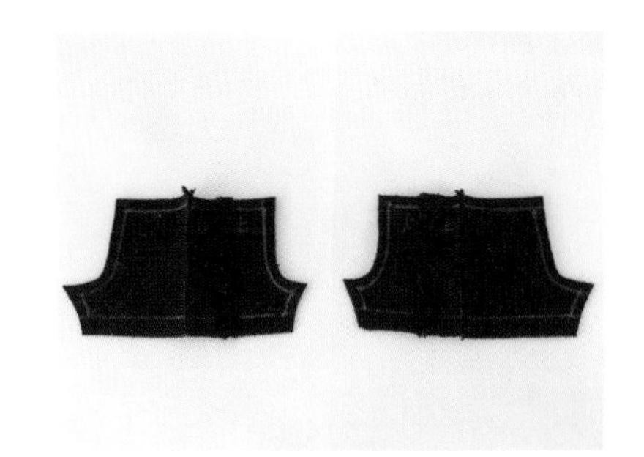

03 縫合前片和後片的側縫。

04 跟步驟 2 一樣，將縫份朝兩邊分開後，從正面沿著縫合線兩側縫壓線，左右各一。

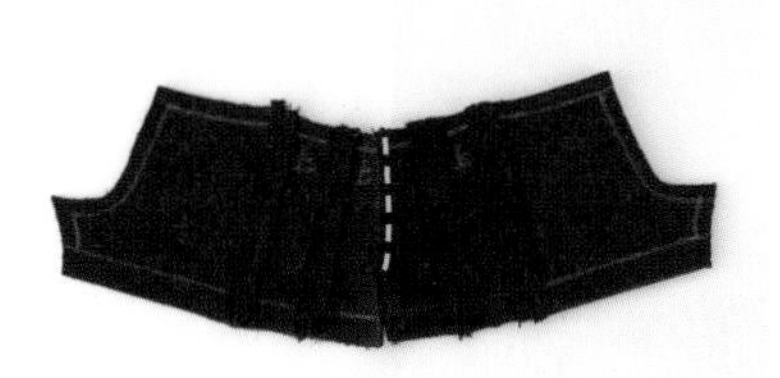

05 將前片和後片縫合在一起的兩大片布料正面對正面貼合，然後縫合褲子的中心線。（照片是縫合後展開的樣子）

06 將褲子下襬的縫份摺起來並縫合。

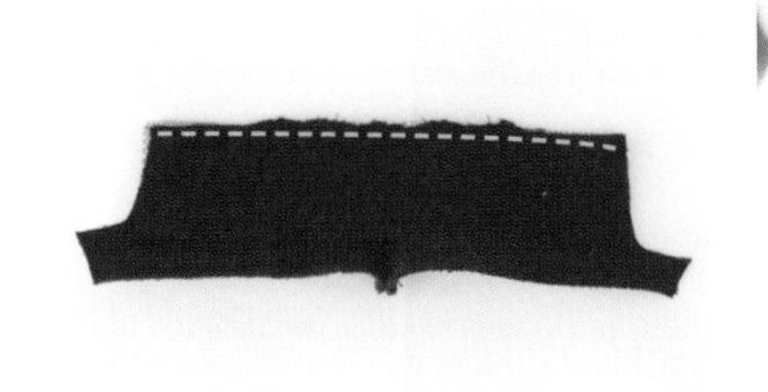

07 將剪成腰圍長度的黑色網紗放到褲子正面，然後沿著腰圍線縫合。

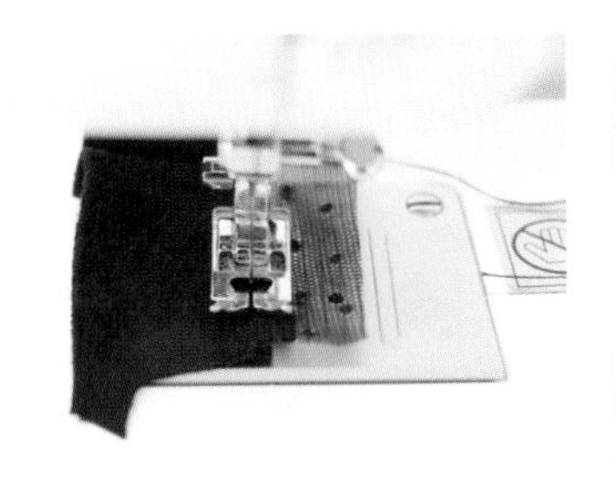

08 將網紗往上摺之後，沿著腰圍線在縫份那邊縫壓線。

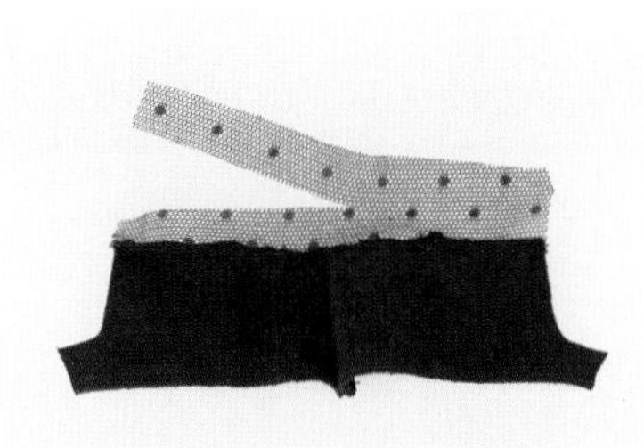

09 將作為裡布的網紗修剪成只留 1cm。

10 將網紗往褲子的正面摺，然後沿著後片中心線的完成線縫合。

11 將網紗往內翻之後，從正面沿著腰圍線縫壓線。

12 對半摺並將後片中心線對齊，沿著完成線縫合之後，在縫份剪牙口。

13 將前片中心線和後片中心線對齊，用珠針固定之後，縫合褲子的下襠線。

14 將褲子翻到正面，調整好形狀之後，在腰圍線往下 5mm 的位置繡上鎖鏈繡。

Tip 最好是先畫上輔助線再開始刺繡。

15 在正面的裁切線內側繡上羽毛繡。

Tip 鎖鏈繡及羽毛繡請參考第 35 頁。

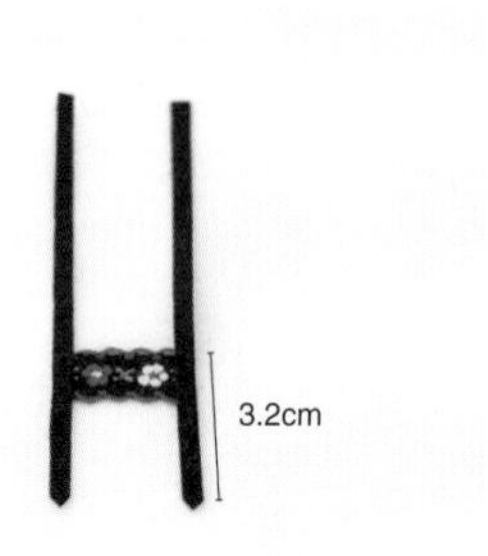

16 將刺繡織帶放在麂皮肩帶由下往上 3.2cm 的位置，然後縫合固定。（麂皮肩帶長 9cm，刺繡織帶寬 1cm、長 2.5cm）

17 肩帶對齊褲子前片中心線之後，和鈕釦一起固定到腰上。

18 在距離後片中心線 1cm 的位置，將吊帶末端分別以回針縫固定到褲子內側，接著在後門襟縫上暗釦作為結尾。

step3. 漢賽爾帽子（費多拉帽）

01 準備好製作費多拉帽的布料及布襯。

02 將布料內面和布襯黏著面貼合，然後用熨斗熨燙。

03 將費多拉帽的帽身和帽頂紙型放到貼上布襯的那面，然後進行描繪。

04 帽緣是剪裁兩片表布，帽身和帽頂則是表布和裡布各剪裁一片。

05 將帽身對半摺且布襯那面朝外，並像照片中那樣縫合。

06 將步驟 5 縫合處的縫份朝兩邊分開並燙平。

07 將縫合的帽身翻面，然後像照片那樣，在縫合處的兩側各縫一條壓線。

08 再翻一次面，然後在 V 字形凹陷處剪牙口。

09 將帽頂和帽身結合在一起。這時候要先用珠針固定前、後中心線。

10 以疏縫結合帽頂和帽身。

11 縫合疏縫的區域之後，將疏縫線拆除。

12 翻面並將縫份往帽身那邊摺，然後沿著縫合處的縫紉線縫壓線。

13 裡布也用相同的方法縫製。

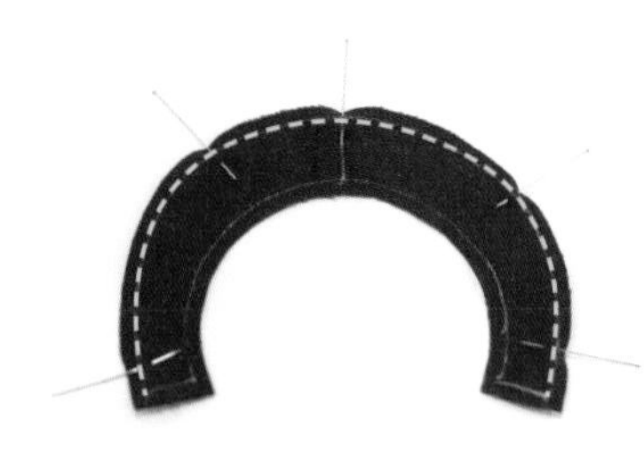

14 將兩片要製成帽緣的布料重疊在一起，並沿著外緣的半圓形完成線縫合。

15 將外緣的縫份剪短後，翻面整燙。

16 將步驟 15 的帽緣翻面，像照片那樣，用珠針固定並縫合。

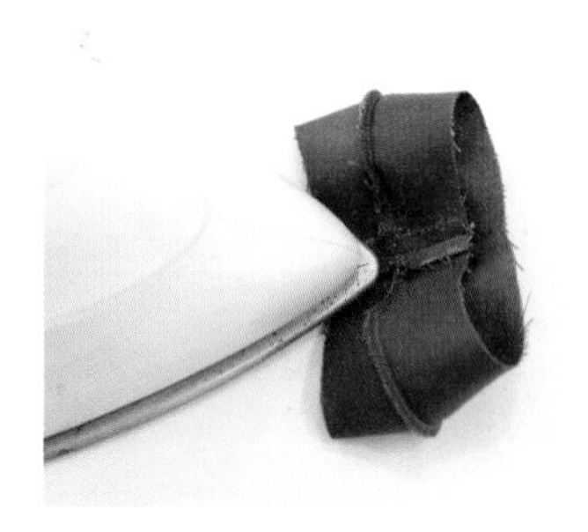

17 將縫合區域的縫份朝兩邊分開並燙平。

18 再次翻到正面，並且調整形狀之後，以 3mm 為間距，在帽緣上縫三條線。

19將帽緣和帽身正面對正面貼合，然後用珠針固定。這時候要先固定後中心線及前中心線。

20在完成線上方的縫份上疏縫。

21沿著完成線縫合，然後將疏縫線拆除。

22將縫合處的縫份往帽身那邊（往上）摺，然後沿著縫合處的完成線縫壓線。

23將帽子翻面之後套上裡布，接著將裡布下襬往內摺，並用珠針固定。

24以斜針縫將裡布和表布縫合之後，再翻回正面。

25準備裝飾帽子的裝飾帶和羽毛。將裝飾帶長度剪成 8cm，然後在兩端塗上防綻液。

26將裝飾帶圍到帽子上，用相同顏色的線沿著裝飾帶縫合，使其固定。

27將羽毛固定在帽子上之後，將帽緣摺起來，展現出帽子的形狀。

作者：Ebool's Something

部落格：blog.naver.com/jin12bool

instagram：@ebools

Chapter 2

小紅帽

Little Red Riding Hood

紅髮安妮

Anne of Green Gables

小紅帽服裝套組

小紅帽的必備單品就是紅色斗篷和連身洋裝。

用刺繡來裝飾洋裝。

如果覺得刺繡很難，也可以用珠珠或緞帶蝴蝶結來裝飾。

※斗篷的表布以及裡布是使用同一個顏色的 40 支棉布。

※為了讓縫線能清楚地呈現出來，所以我使用了白色和紅色的線，但是實際上縫製時，請使用和布料顏色相符的線。

• 組成 •

斗篷、刺繡連身洋裝

step1. 小紅帽斗篷

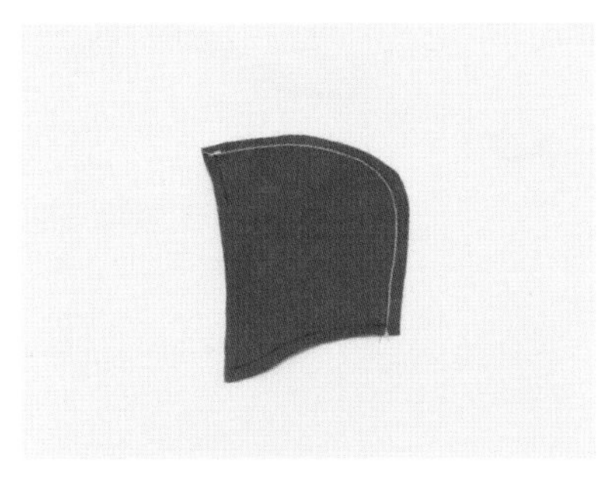

01 將連帽表布正面對正面貼合，並沿著後腦勺的完成線縫合，然後在曲線區域剪牙口。

02 將縫份朝兩邊分開並燙平。

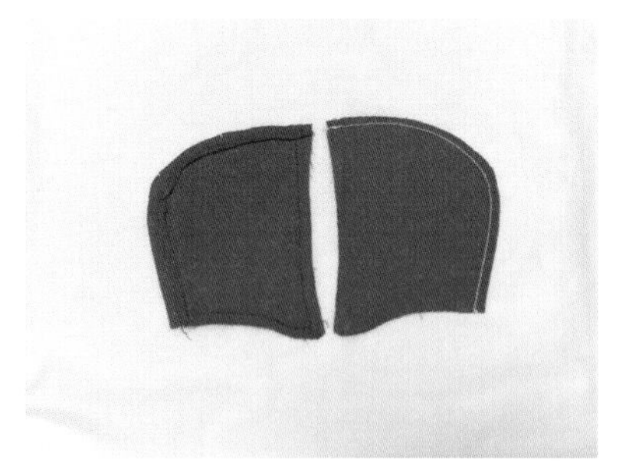

03 重複步驟 1～2，並將連帽的裡布也縫製好。

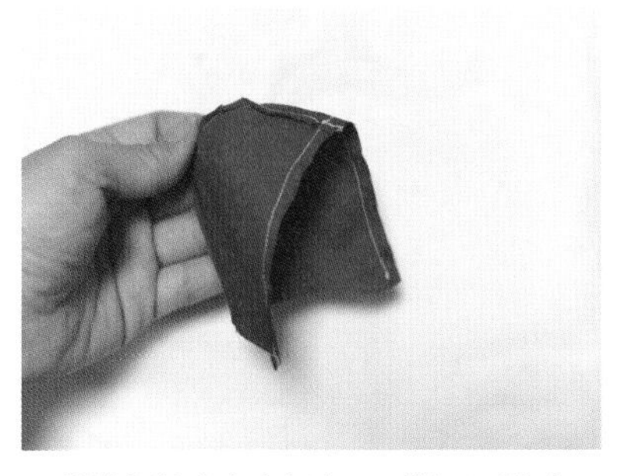

04 將連帽的表布和裡布正面對正面貼合，並沿著臉部那側的完成線縫合。

05 將衣身的前片和後片正面對正面貼合，像照片那樣，以回針縫縫合。（衣身的裡布也用相同的方法縫製）

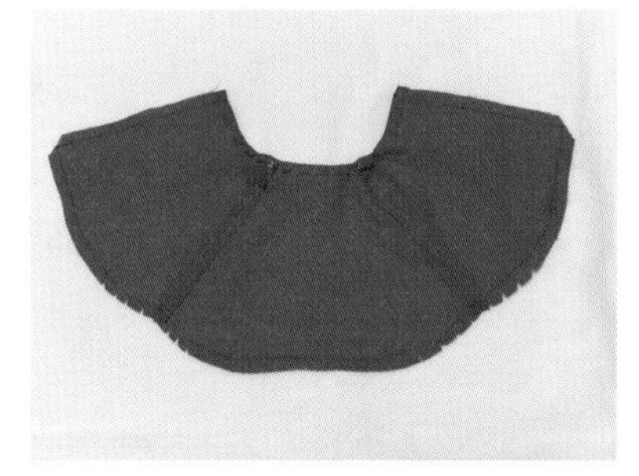

06 衣身的裡布頸圍及下襬，請像照片那樣，在曲線區域剪牙口，並將兩側稜角以斜線剪掉。將前片和後片縫合處的縫份朝兩邊分開，並將頸圍的縫份朝衣身這邊摺，然後燙平。

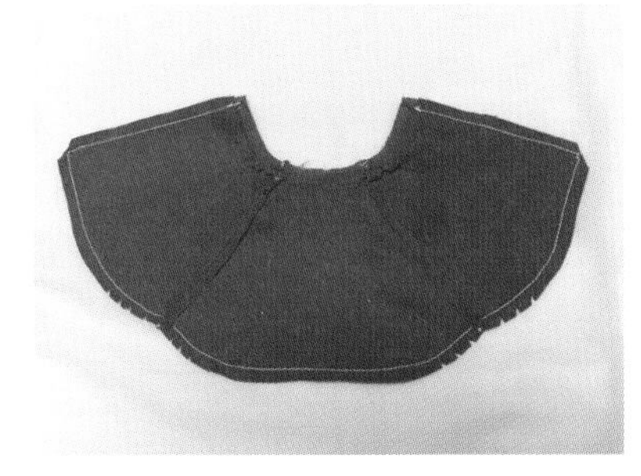

07 將衣身的表布和裡布正面對正面貼合，沿著完成線縫合，接著將兩側稜角以斜線剪掉，並在曲線區域剪牙口。

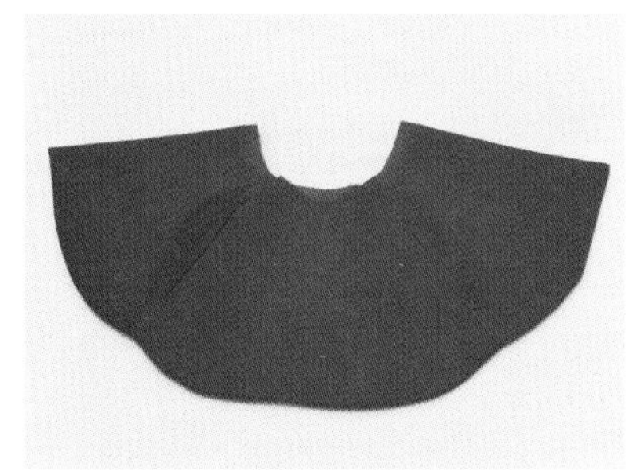

08 從步驟 7 的頸圍那邊翻面後燙平。

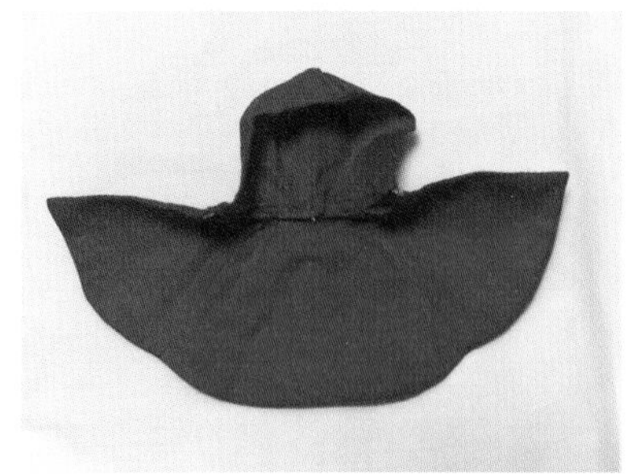

09 將連帽和衣身正面對正面貼合，用珠針固定連帽表布和衣身表布的頸圍區域，然後沿著完成線縫合。

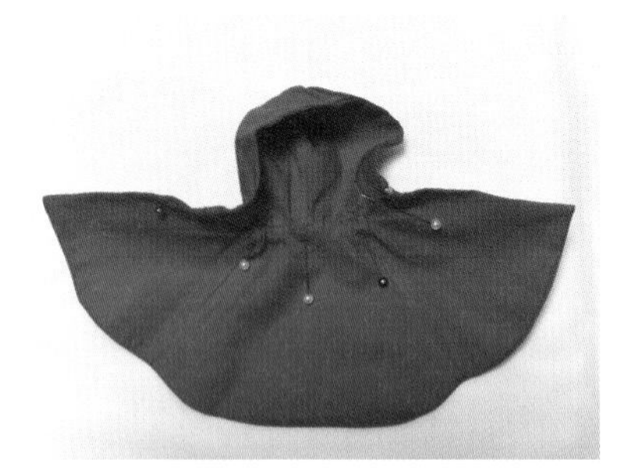

10將連帽和衣身表布縫合處的頸圍縫份放進衣身的表布和裡布之間，然後將衣身裡布縫份往內摺，並沿著頸圍用珠針固定。

11以斜針縫來收尾。

12將其中一邊的前門襟縫上鉤子。（覆蓋的那邊）

13在另一邊門襟的外側縫製鉤子可以勾住的線環。

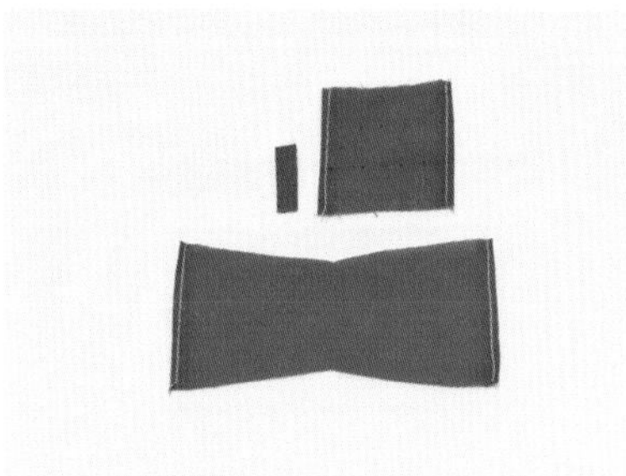

14將蝴蝶結兩側的縫份往內摺，以平針縫或回針縫縫合。

15對半摺並沿著完成線縫合，將縫份朝兩邊分開。

16將步驟 15 翻面並進行整燙，好讓縫合線位於中間，然後用線將蝴蝶結中心各自綑綁起來，製造出皺褶。

17將兩個蝴蝶結像照片那樣疊放在一起，接著用相同的布料包覆中心，並以斜針縫來收尾。（這時候包覆中心的布料縫份要往內摺之後再進行縫紉）

18將長的蝴蝶結往下放，並稍微疊合在一起，調整好形狀後，縫幾針使其固定。將蝴蝶結縫到斗篷正面。（縫上鉤子的那一邊的外面）

step2. 小紅帽刺繡連身洋裝

01 依照紙型將布料剪裁好。因為要在連身洋裝的前片刺繡，所以前片 1 的布料要準備可以讓刺繡框夾住的大小，然後像照片那樣夾在刺繡框上進行刺繡。如果覺得刺繡很難，也可以縫上珠珠或花朵等飾品。

02 前片 1 沿著縫份線剪裁之後，將邊緣塗上防綻液。（其他部位也是將紙型放到布料上描繪後，沿著縫份線剪裁並塗上防綻液）

03 將斜布條對半摺並將縫份朝下，然後疊放在前片 1 上，接著在完成線外側的縫份上以疏縫固定。

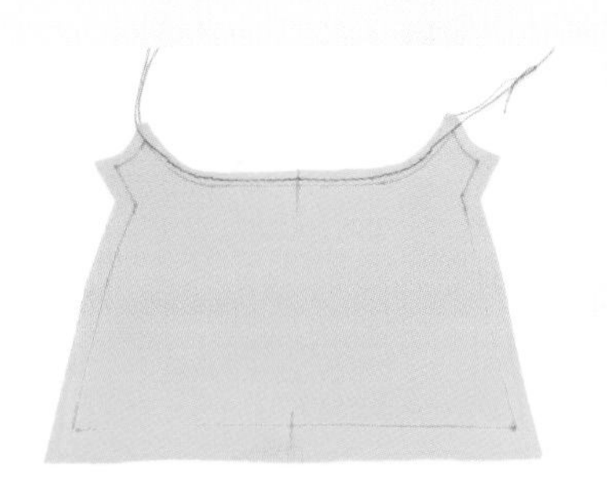

04 為了在剪裁好的前片 2 上製造皺褶，請在完成線往上 2mm 的縫份區域縫兩條平針縫線。

05 拉扯平針縫線，製造出皺褶。（製造出皺褶之後的長度要和前片 1 的下緣長度一致）

06 將前片 1 和前片 2 正面對正面貼合，並沿著完成線縫合。（縫合後請將步驟 5 的平針縫線拆除）

07 為了在後片 2 上製造皺褶，請在完成線往上 2mm 的縫份區域縫兩條平針縫線。

08 拉扯縫線，製造出皺褶。（要和後片 1 的下緣長度一致）

09 將後片 1 和後片 2 正面對正面貼合，用珠針固定後，沿著完成線縫合。

10將縫份往上摺並燙平，接著在連結上下半部的縫合線往上 2mm 處縫壓線。重複步驟 7～10，將另一邊後片也完成。

11縫合連身洋裝表布的前片和後片肩線。正面對正面貼合後，沿著完成線以平針縫或回針縫縫合。

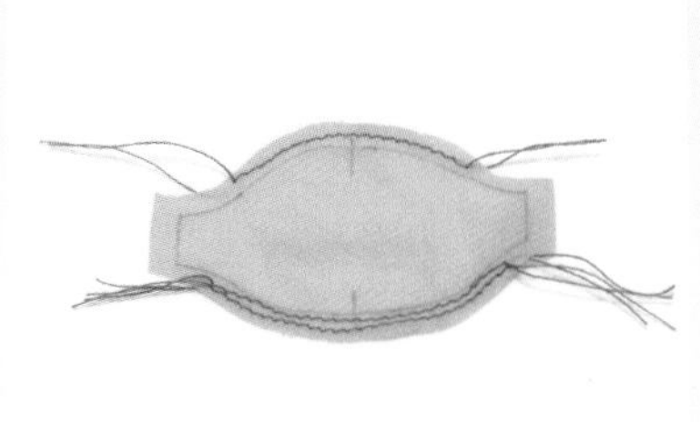

12為了製作蓬蓬袖，要像照片那樣，在袖子的上下緣縫平針縫線。（下緣要縫兩條平針縫線）

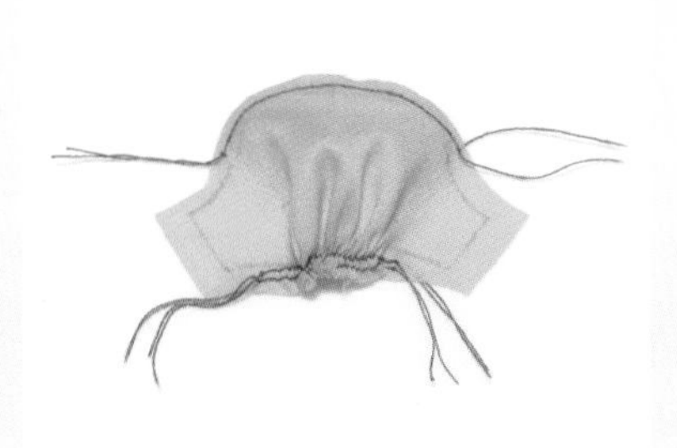

13拉扯袖口那邊的平針縫線，製造出皺褶。

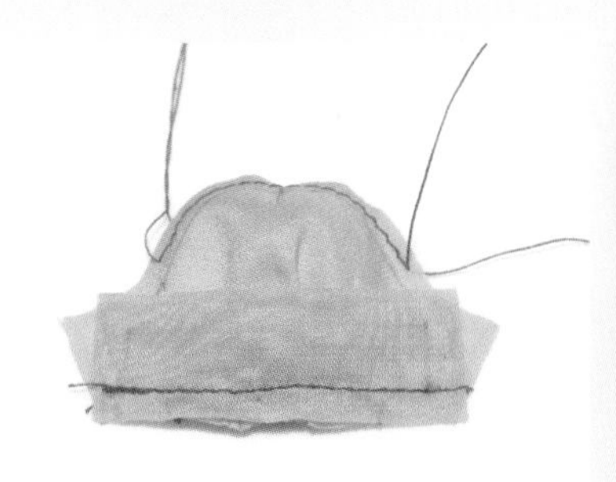

14將袖子和袖口裁片正面對正面貼合，用珠針固定之後，沿著完成線以回針縫或平針縫縫合。（縫份修剪成只留 2mm 左右）

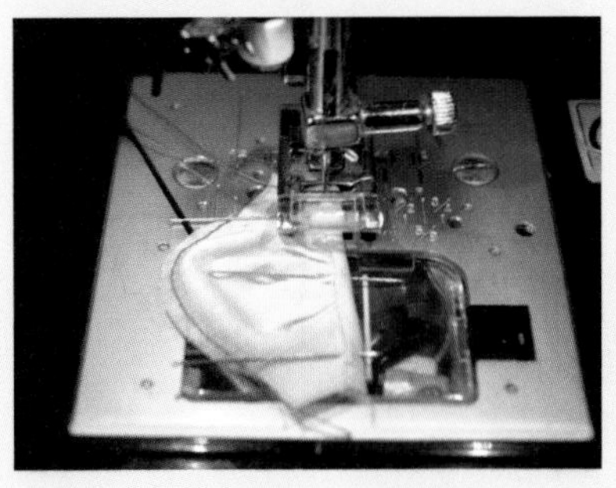

15將袖口裁片往下摺，並將縫份往內摺，然後再從正面縫壓線。

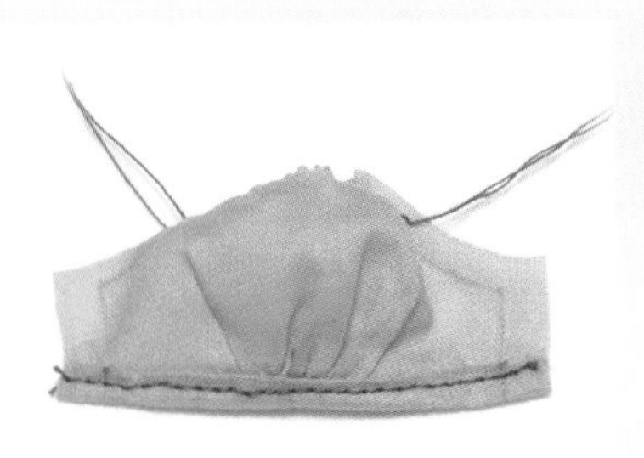

16製造袖山區域的皺褶。

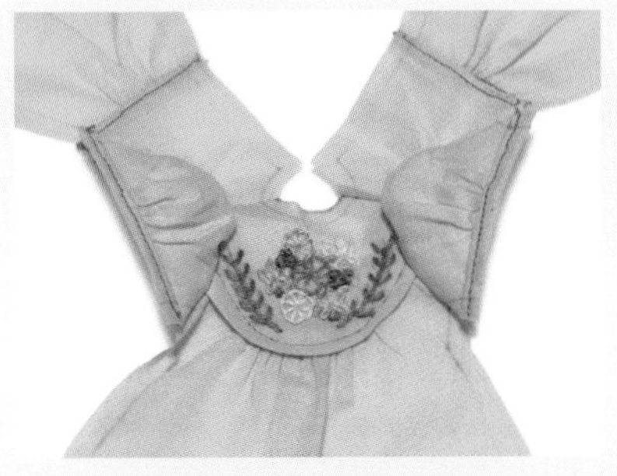

17將連身洋裝的上衣袖襱和袖子正面對正面貼合，以回針縫縫合之後，縫份以 Z 字形回針縫來收尾。（有塗防綻液的話可省略）

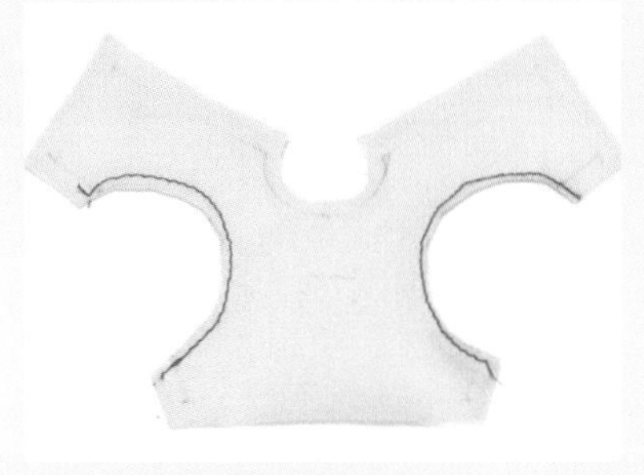

18在裡布 1 的袖襱縫份剪牙口並往內摺，然後以平針縫或回針縫縫合。

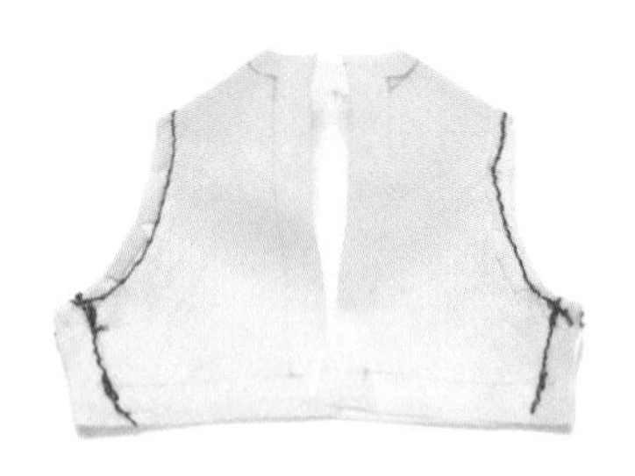

19 以肩線為中心對摺，使正面對正面貼合，然後縫合側縫。

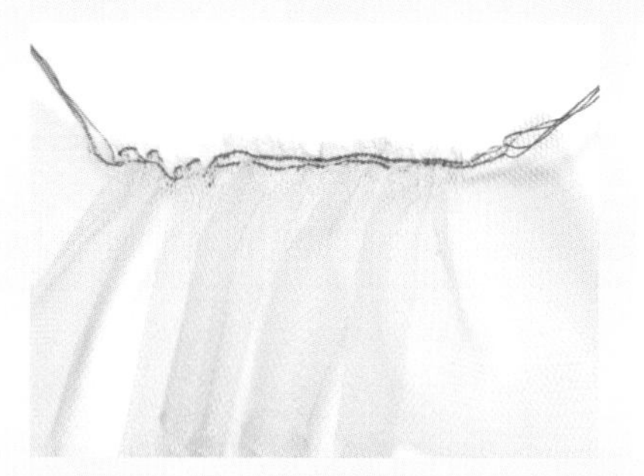

20 在裡布 2 的上緣完成線往上 2mm 的縫份縫兩條平針縫線，接著拉扯縫線，製造出皺褶。

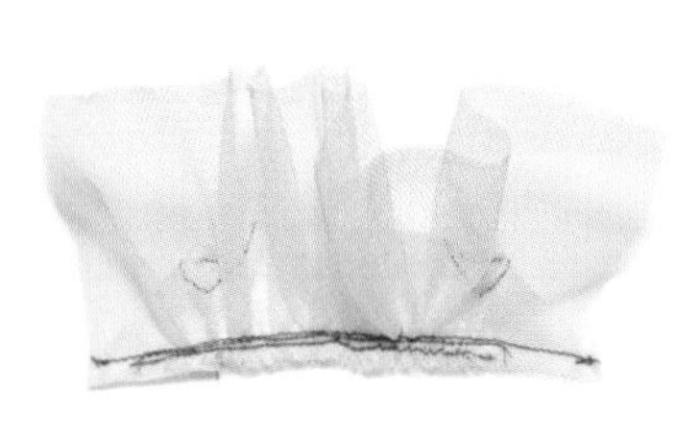

21 將上衣和裙子正面對正面貼合，用珠針固定之後，沿著完成線縫合。

22 將縫合處的縫份往上摺，接著在連結上下半部的縫合線往上 2mm 處縫壓線。

23 將剪好的領子對半摺並燙平。

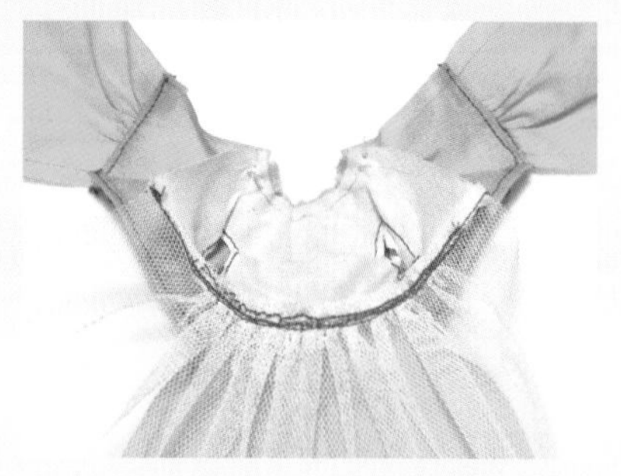

24 依照表布、領子、裡布的順序做疊合，並在完成線往上 2mm 的縫份上以疏縫固定。

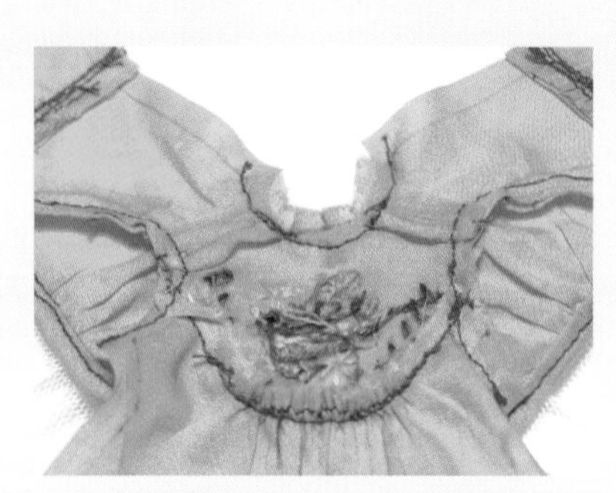

25 對齊頸圍完成線並縫合，然後拆除疏縫線。在頸圍縫份剪牙口。

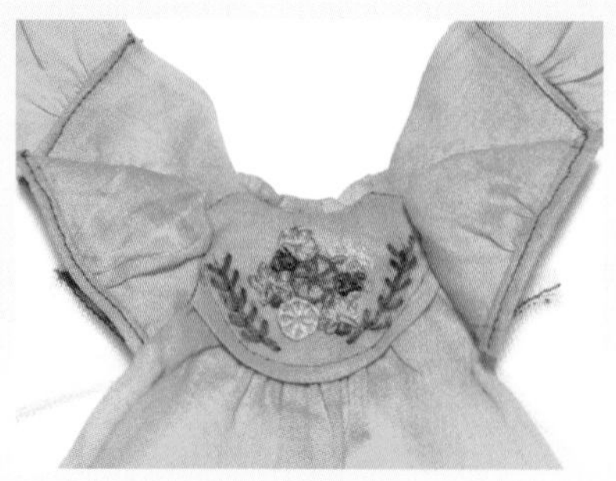

26 翻面後將領子及頸圍線進行整燙。

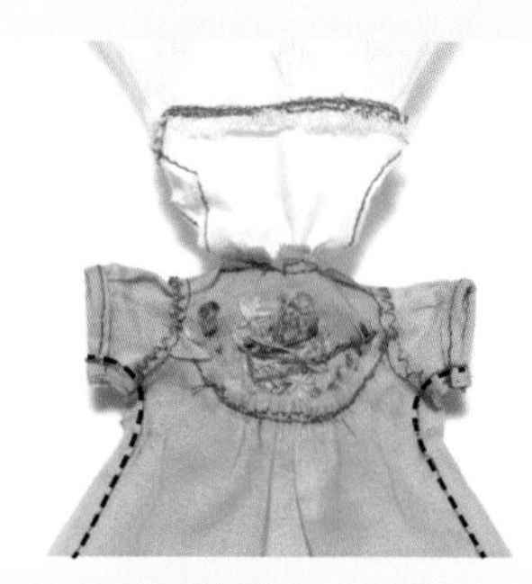

27 將表布的前片和後片正面對正面貼合，從袖子下緣線縫合到裙襬。（在腋下的曲線區域剪牙口）

＊捲邊縫－拷克

28 將裡布和表布整理成照片那樣之後，將後門襟縫到紙型標示的位置（縫壓線）。然後將頸圍稜角區域的縫份以斜線剪掉。

29 裙襬以捲邊縫（或 Z 字形回針縫）來做整理。

30 將裙襬縫份往內摺並縫合。

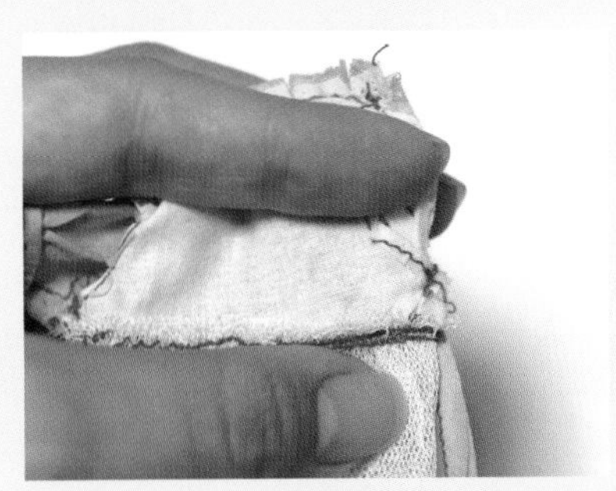

31 為了固定裡布，要將裡布腋下縫份和表布腋下縫份進行疏縫。

32 將裡布及表布的裙子以ㄱ字形連結在一起，而且要一口氣縫合完成。

33 翻面之後調整形狀並進行整燙。

34 適當地在後門襟縫上兩組暗釦作為結尾。

小紅帽睡衣套組

在童話故事《小紅帽》中，有一個大野狼穿著小紅帽奶奶的睡衣
等待小紅帽的場景。
以那個睡衣為靈感，做成小紅帽的睡衣。
用壓褶和緞帶蝴蝶結來裝飾。

• 組成 •

睡衣、睡帽

step1. 小紅帽睡帽

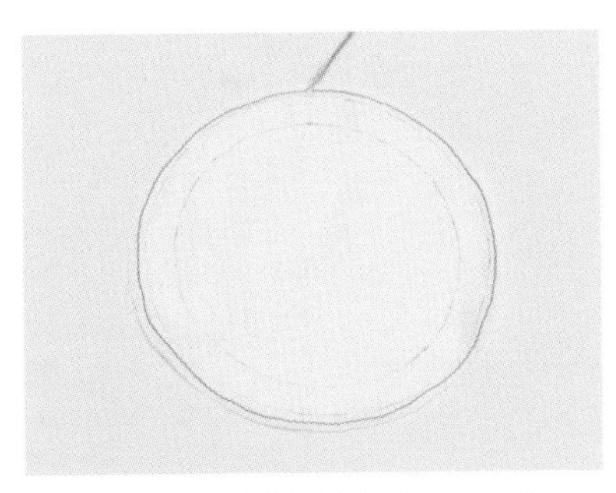

01 在帽子紙型的縫份線往內 3mm 處，像照片那樣縫上平針縫線。

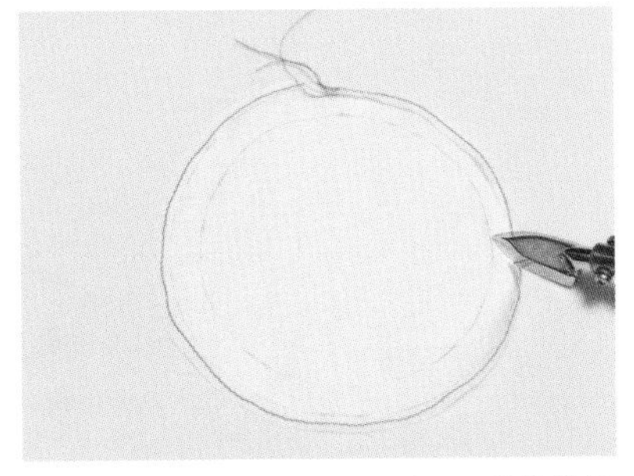

02 一邊輕輕地拉住平針縫線，一邊將縫份摺好及燙平。（此過程是為了將縫份摺得很整齊）
※燙完將平針縫線拆除，會變得更整齊。

03 為了固定摺好的縫份，要沿著外完成線縫壓線。

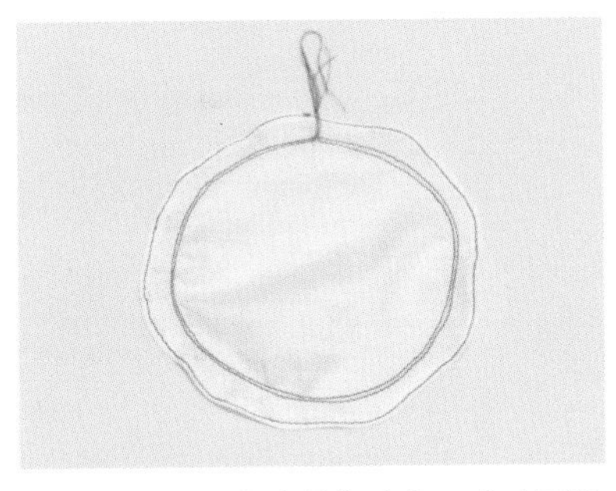

04 以紙型的內完成線為中心，在上下約 2mm 左右的地方各縫一條平針縫線。

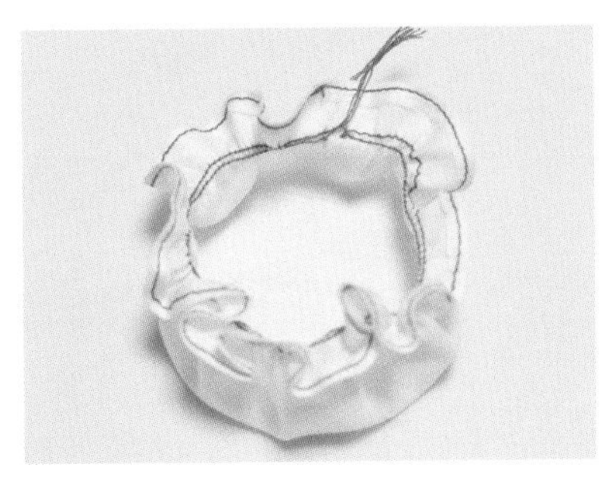

05 拉扯平針縫線，製造出皺褶。

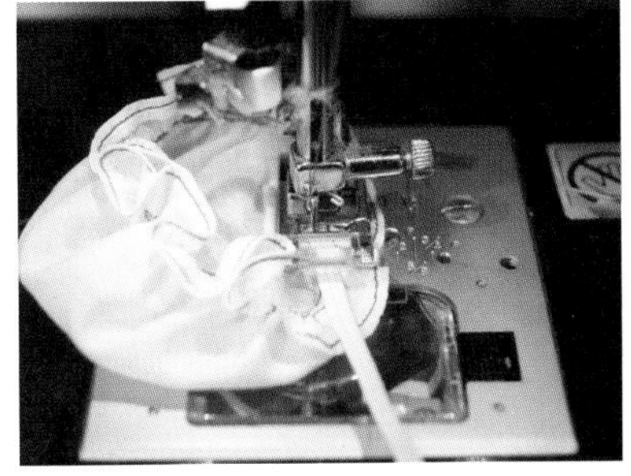

06 將鬆緊帶前端用珠針固定在帽子縫平針縫的起點上，一邊拉住鬆緊帶，一邊以 Z 字形回針縫縫合。（這時候鬆緊帶的長度是 10cm，如果是手縫的話，鬆緊帶的上下緣要以平針縫或回針縫各縫一條線固定）

Tip 不要預先將鬆緊帶長度剪好，先標示出 10cm 的位置，等縫完再修剪。

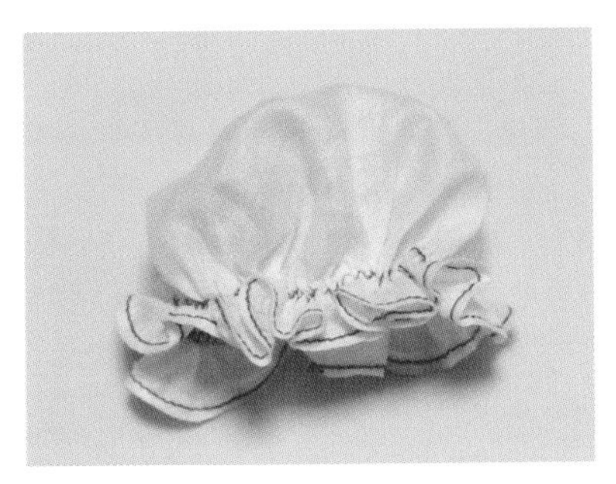

07 將步驟 5 中為了製造皺褶的平針縫線拆除。

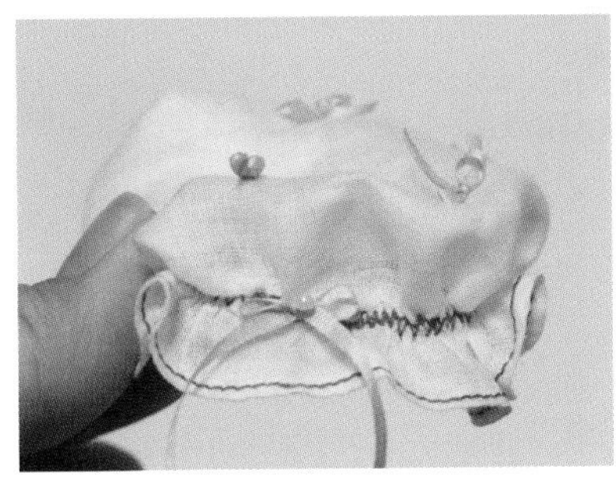

08 製作一些小緞帶蝴蝶結並縫到帽頂上，帽子的後中心也像照片那樣縫上緞帶蝴蝶結。

step2. 小紅帽睡衣

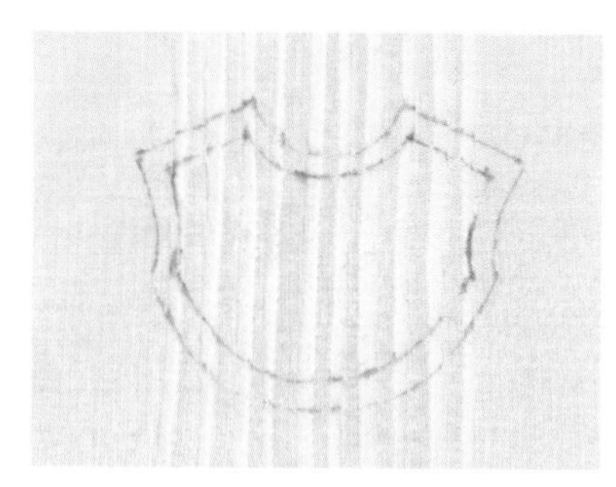

01 在製作好壓褶的布料上描繪前片 1。

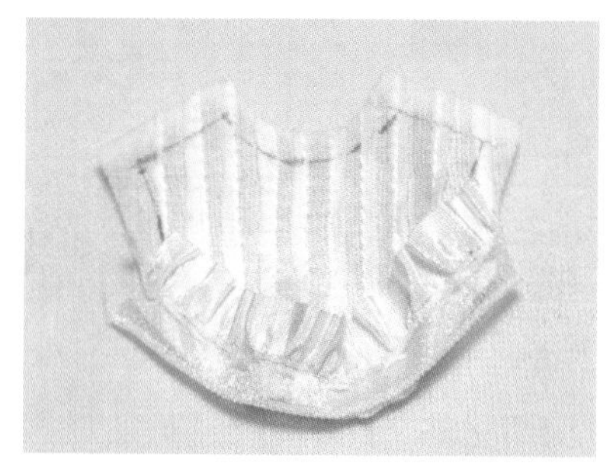

02 剪裁好之後塗上防綻液，將蕾絲疏縫到下緣。

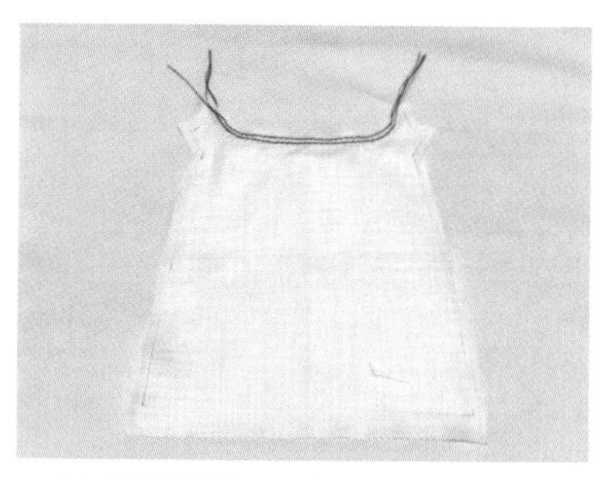

03 為了製造皺褶，要在前片 2 上緣的縫份縫上兩條平針縫線。

04 拉扯縫線，製造出皺褶。

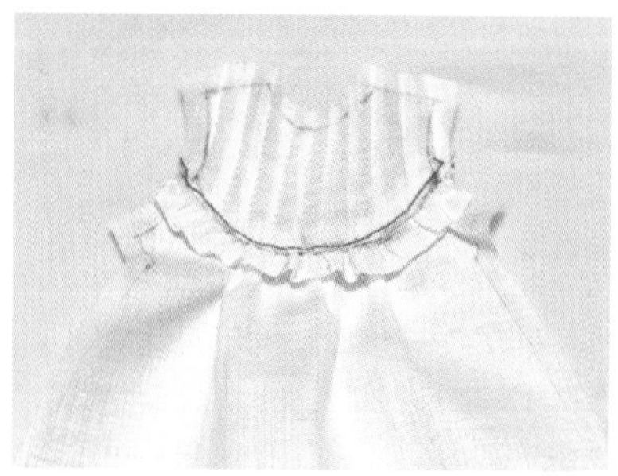

05 將前片 1 及前片 2 以回針縫縫合之後，將縫份往上摺，並從正面的完成線往上 2mm 處縫壓線。

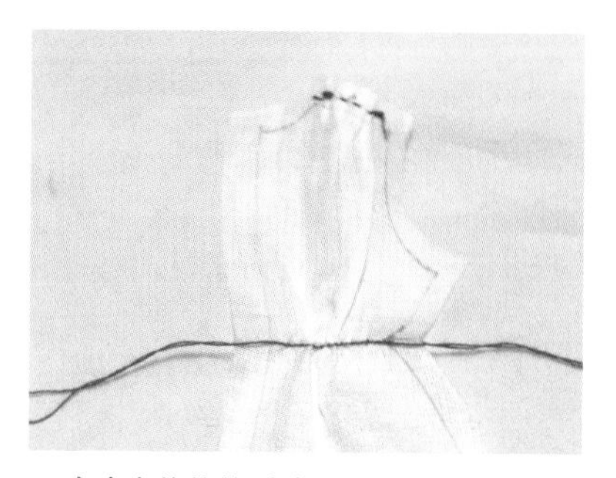

06 在表布後片的肩線及腰圍縫上平針縫線並製造出皺褶。

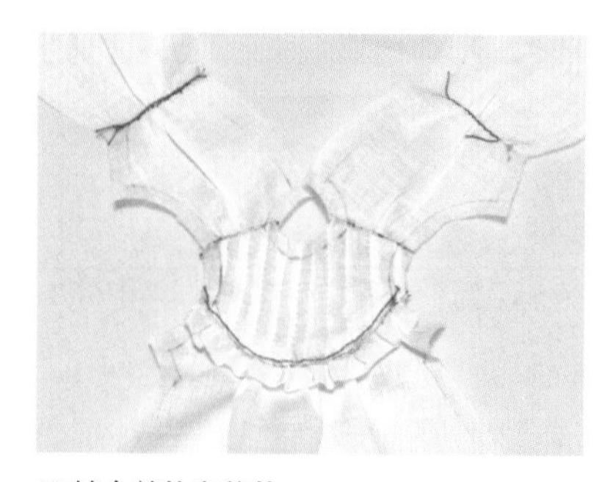

07 結合前片和後片。

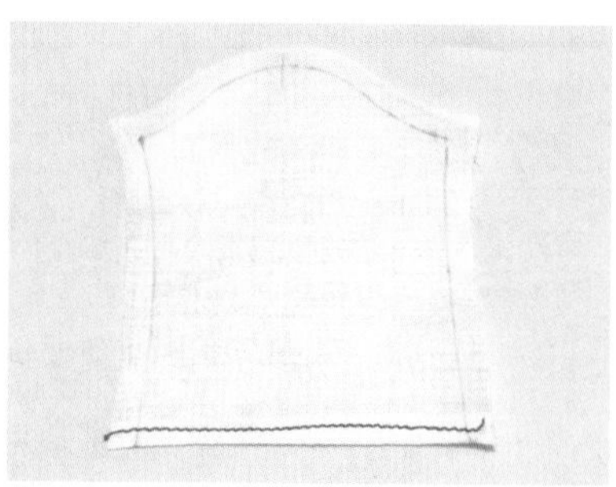

08 將袖子的縫份往內摺，並從正面縫壓線。

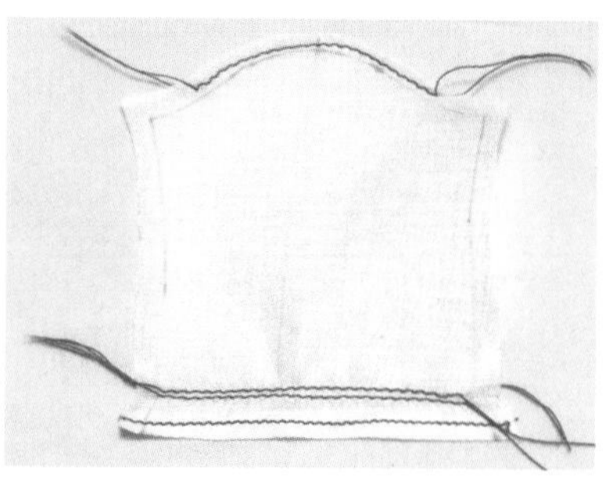

09 為了製造袖子的皺褶，要以袖口完成線為中心，在上下各縫一條平針縫線，也要在袖山的縫份上縫平針縫線。

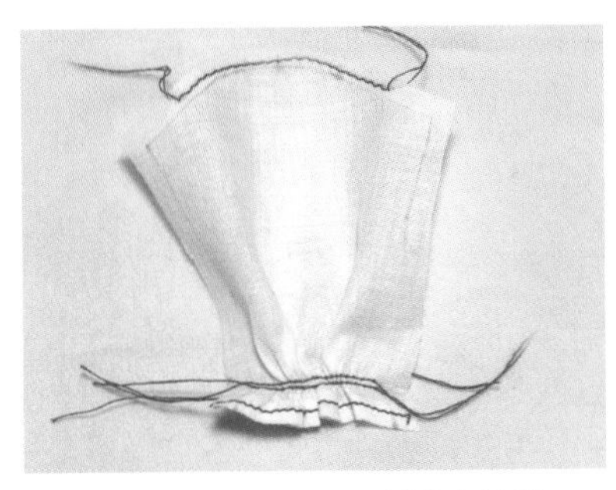
10 拉扯袖口的平針縫線，製造出皺褶。

11 在製造出皺褶的區域縫上蕾絲，並縫上壓線。（然後拆除平針縫線）

12 拉扯袖山的平針縫線，製造出皺褶。

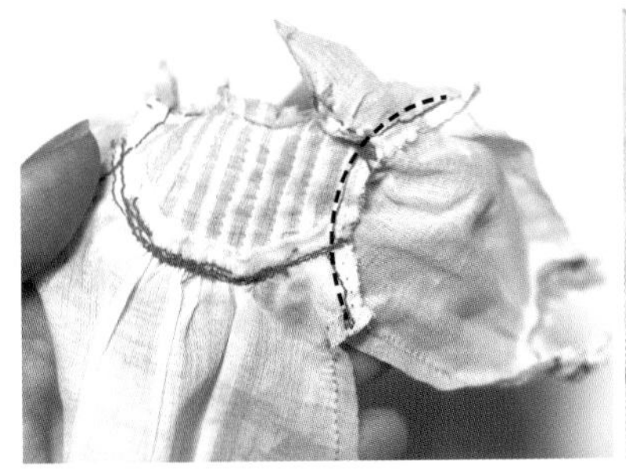
13 將上衣的袖襱和袖子正面對正面貼合並縫合。

縫上袖子之後，從正面看的樣子

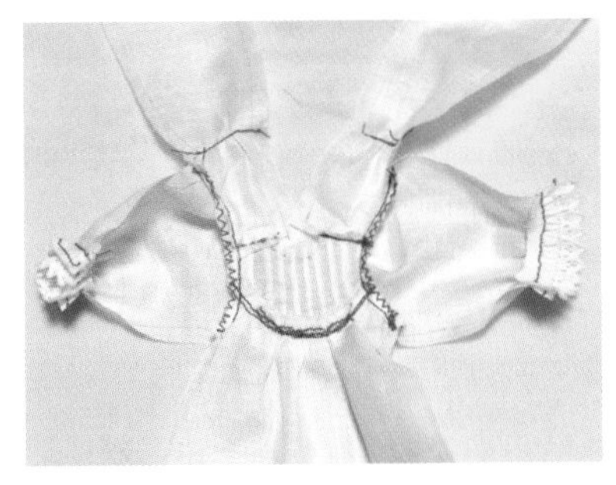
14 為了避免結合袖子和上衣的袖襱的縫份綻開，請以 Z 字形回針縫包縫邊緣。

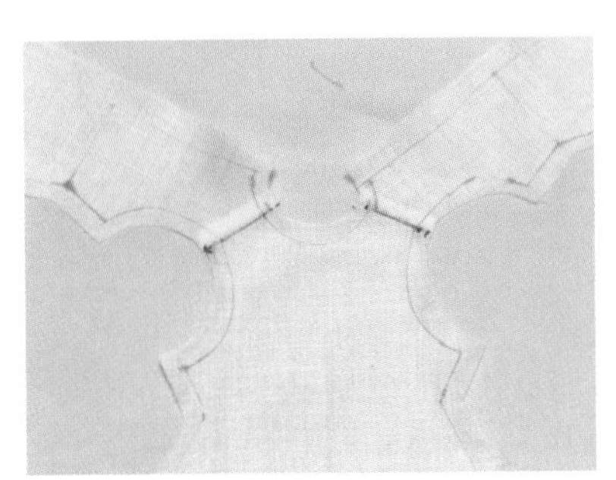
15 將裡布前片和後片的肩線縫合。

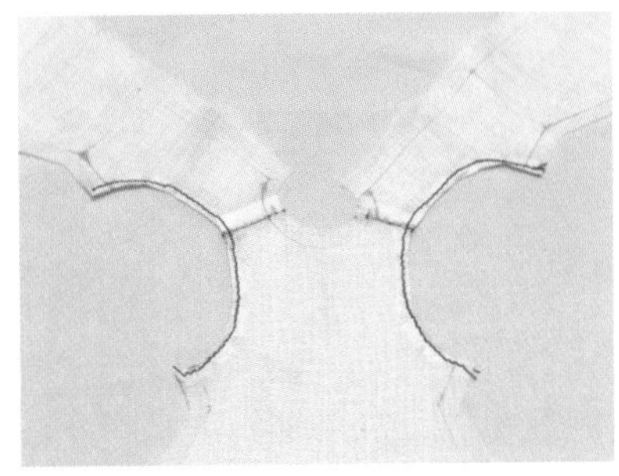
16 在袖襱的縫份剪牙口，接著將縫份往內摺，並從正面縫壓線。

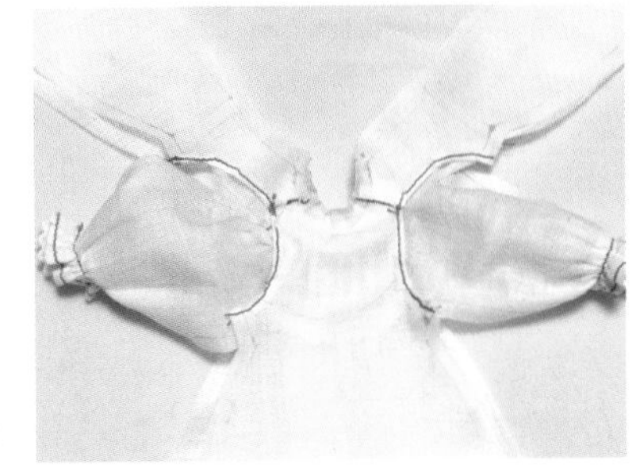
17 依照表布的正面、用來代替領子的蕾絲的正面、裡布（裡布的內面朝上）的順序做疊合，並在完成線往上 2mm 的縫份上進行疏縫。（請注意蕾絲的方向：用來當領子的蕾絲要朝向上衣，縫份則要朝上）

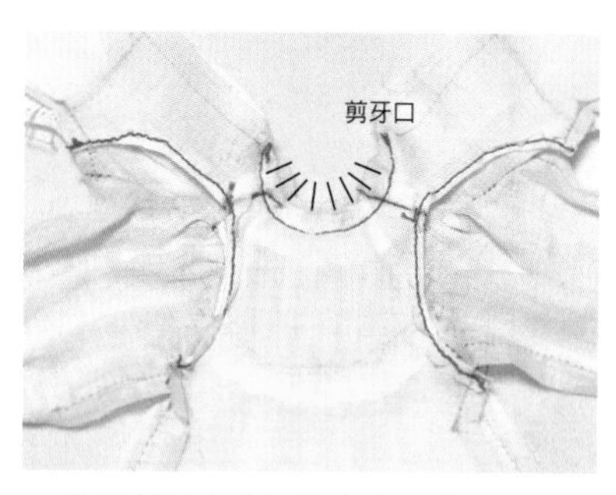

18 沿著頸圍完成線縫合後，將疏縫線拆除。並且在頸圍縫份剪牙口。

19 縫合裡布的側縫。

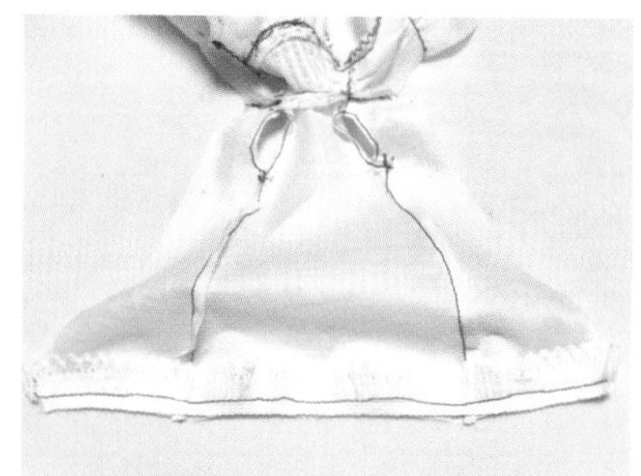

20 將裡布裙襬和蕾絲正面對正面貼合，並沿著完成線縫合。

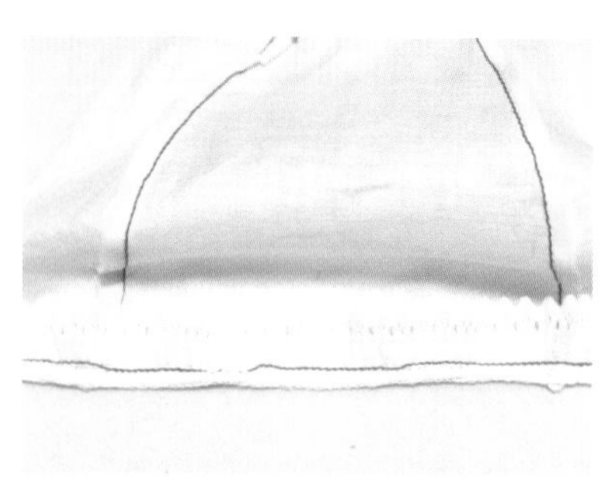

21 為了避免縫份綻開，請以捲邊縫或 Z 字形回針縫包縫縫份。

22 將縫份往上摺，並從正面在蕾絲的上方縫壓線。

23 從表布的袖子下緣線開始，連著側縫一起縫合。（這時候用來作為兩側腰帶的緞帶也要一起縫合）

24 將連身洋裝的表布裙襬縫份以 Z 字形回針縫或捲邊縫包縫，避免綻開。

25 將裙襬縫份往內摺，並從正面縫壓線。

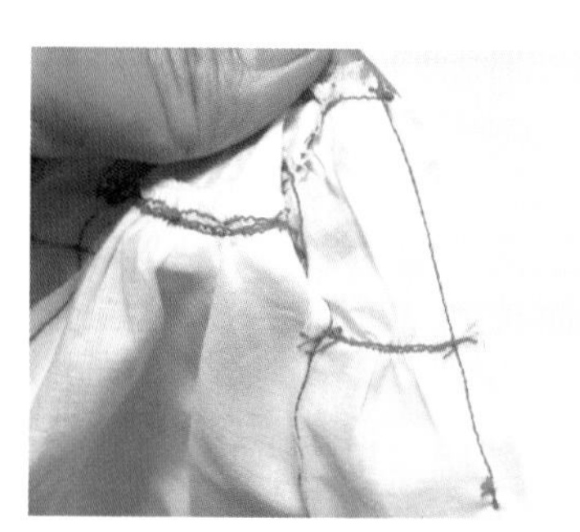

26 將表布和裡布正面對正面貼合，分別將兩邊的後門襟從頸圍縫合到紙型標示的位置。（將頸圍稜角區域的縫份以斜線剪掉）

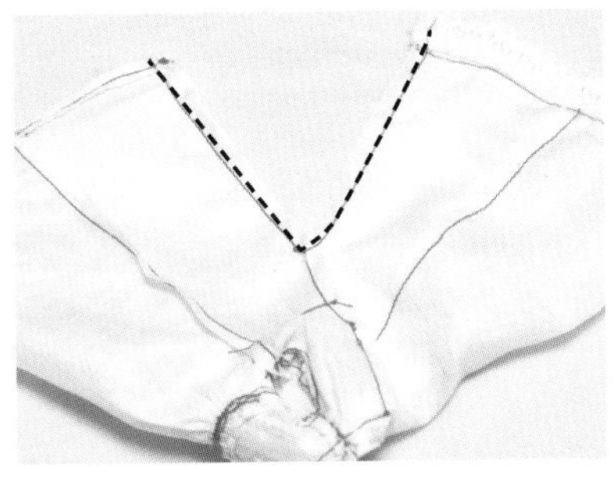

27將裡布及表布的裙子像照片那樣連結起來，而且要一口氣縫合完成。

28翻面之後進行整燙。

29在壓褶中央縫上緞帶蝴蝶結及珠珠作為裝飾。

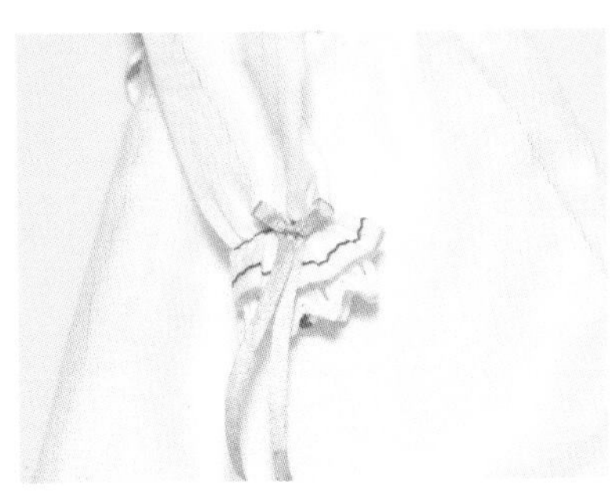

30在袖子縫上緞帶蝴蝶結及珠珠作為裝飾。

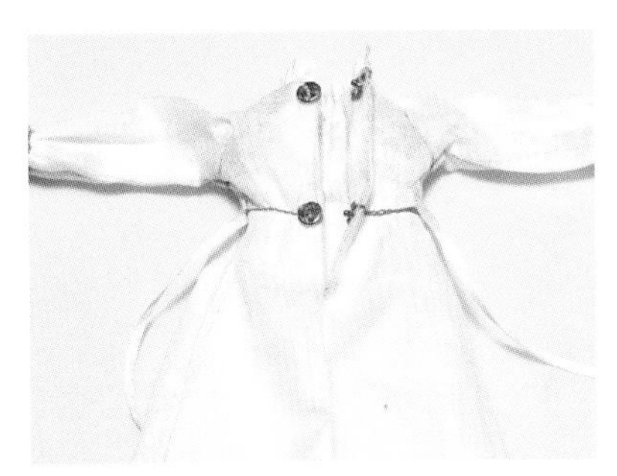

31在後門襟縫上兩組暗釦。

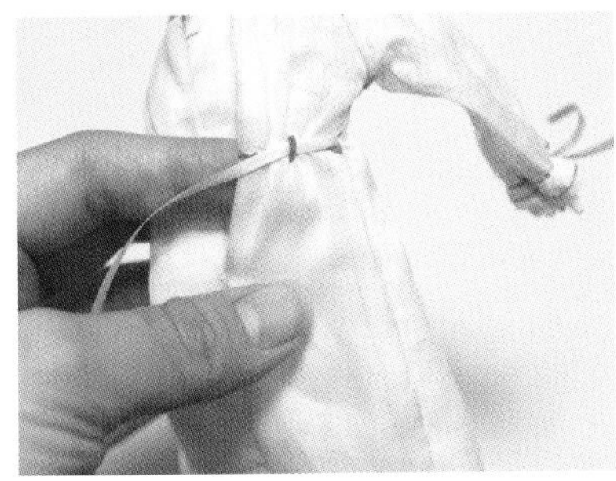

32在腰後縫製可以固定緞帶腰帶的線環，並把緞帶腰帶穿過去，使其固定。（此步驟可省略）

紅髮安妮服裝套組

以安妮既活潑又樸素的形象為靈感，製作出連身洋裝。
也可以藉由不同的裝飾，展現出各式各樣的形象。
設計單純的圍裙不僅容易製作，還能成為很好搭配的必備單品。

• 組成 •

連身洋裝、襯褲、圍裙

step1. 安妮連身洋裝

01 依照紙型描繪及剪裁，將上衣前片和後片正面對正面貼合並縫合肩線。（這時候要將縫份往後摺）

02 將頸部裡布（粗糙面朝上）貼合在頸圍上，並沿著完成線縫合。

03 在紙型上標示的兩個地方剪牙口。

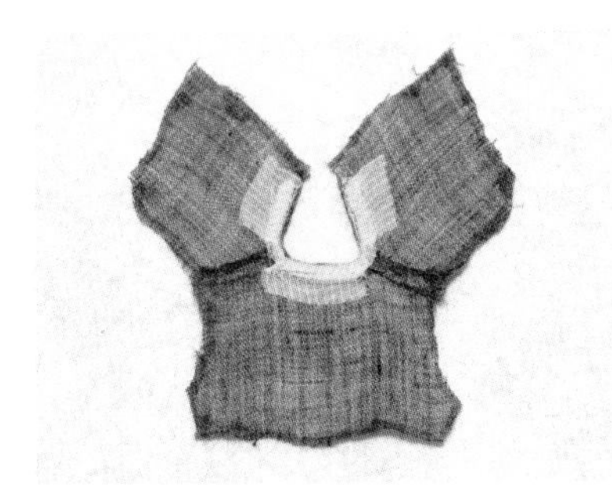

04 將頸部裡布往內翻並燙平。

05 將袖口縫份往內摺並燙平。

06 從正面在袖口縫壓線。

07 在袖山縫上平針縫線之後，拉扯縫線，製造出皺褶。

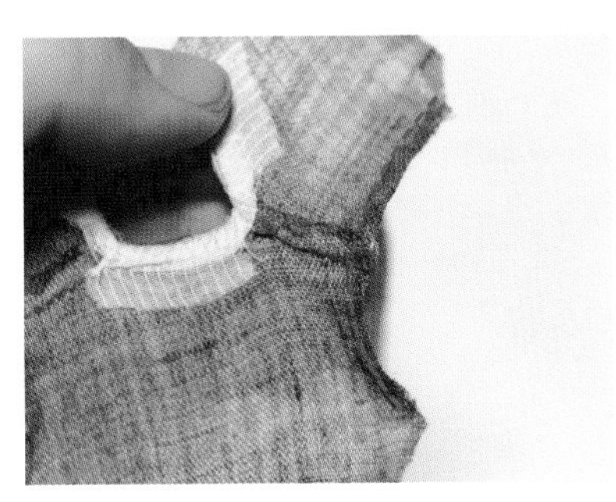

08 將上衣和袖子正面對正面貼合，並在縫份區域進行疏縫，使其固定。

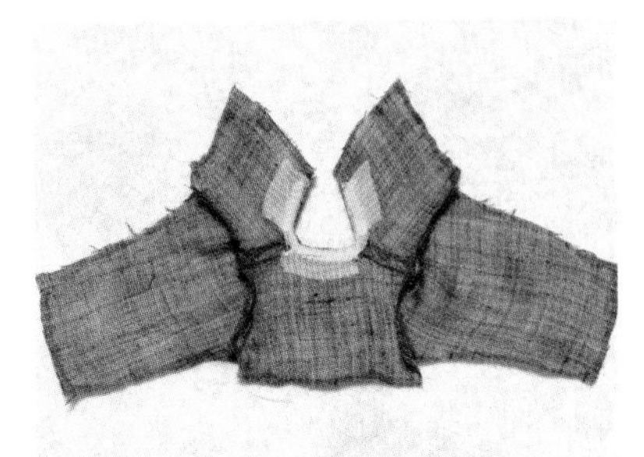

09 沿著完成線縫合，將上衣和袖子結合在一起。（另一邊也用相同的方法進行縫製）

10 以肩線為中心，內面朝外對半摺，並縫合側縫及袖子下緣線。

11 為了避免裙襬綻開，請利用 Z 字形回針縫包縫，然後將裙襬縫份往內摺，再縫壓線。

12 在裙子腰圍的縫份上（完成線往上 2mm 處）縫兩條平針縫線，然後拉扯縫線，製造出皺褶。（這時候裙子的腰圍要跟上衣下襬的腰圍一致）

13 將上衣和裙子正面對正面貼合，並沿著完成線縫合。

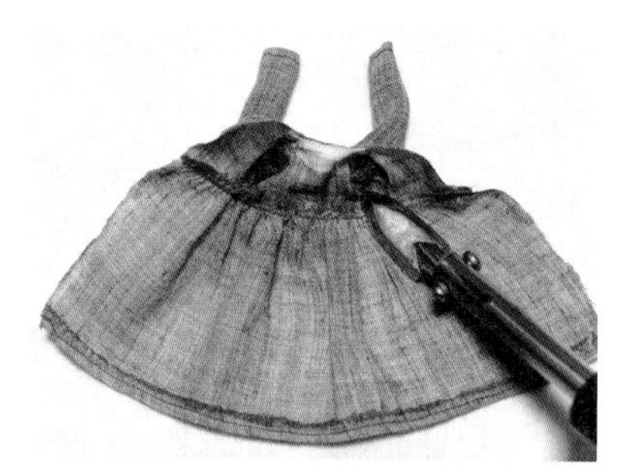

14 將縫份往上摺並燙平。

15 內面朝外往橫向對半摺，像照片那樣，從裙襬往上到紙型標示的位置，要沿著完成線縫合。

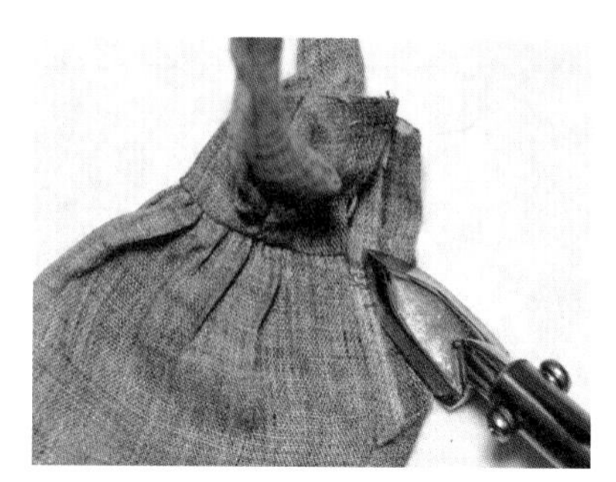

16 將連身洋裝翻到正面之後，將後門襟的縫份往內摺並燙平。

17 像照片那樣，在兩邊後門襟縫壓線。

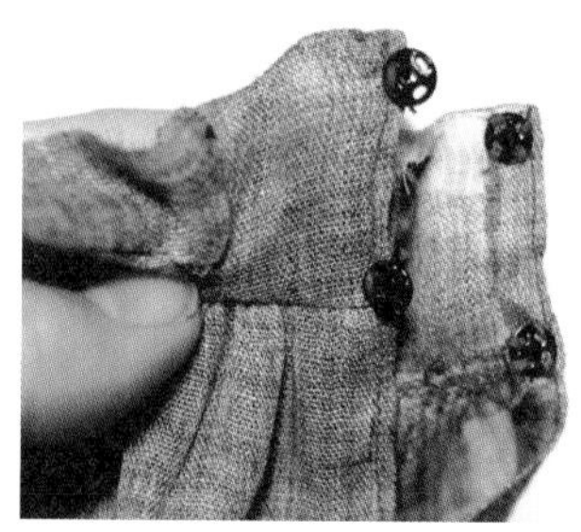

18 縫上兩組暗釦作為結尾。

Tip 暗釦只縫一半在布料上，可避免扣上暗釦的地方凸起來。

step2. 安妮襯褲

01 剪裁兩片前片，將它們正面對正面貼合，並縫合上襠。

02 在縫份的曲線區域剪牙口，然後將縫份往右摺並燙平。

03 將後片和步驟 2 的前片正面對正面貼合，並像照片那樣將側縫縫合。

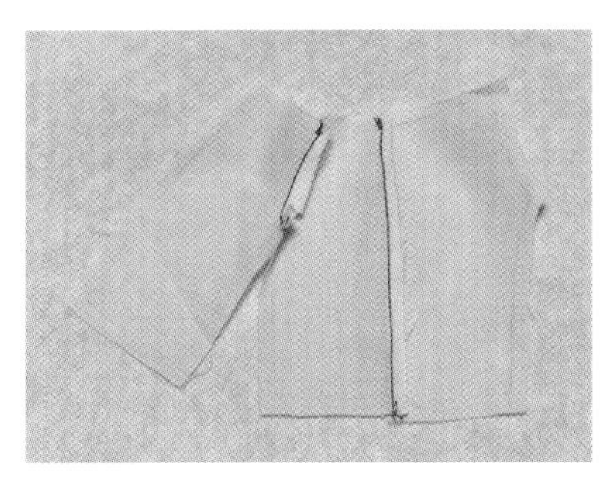

04 將縫份往後片那邊摺並燙平。

05 另一邊也用相同的方法縫上後片，然後攤開來。

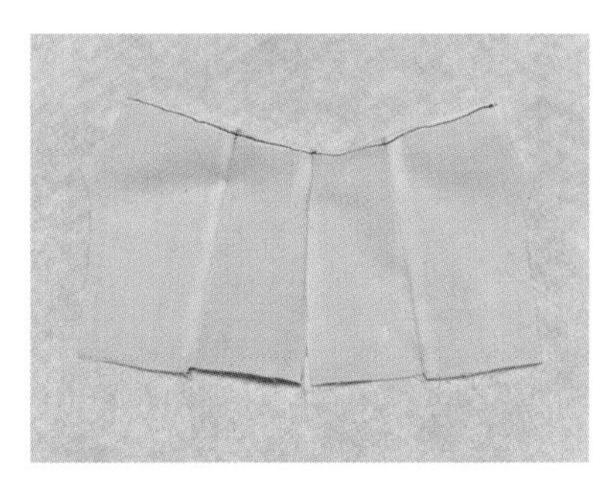

06 腰圍以捲邊縫包縫，或是將縫份往內摺後縫壓線。

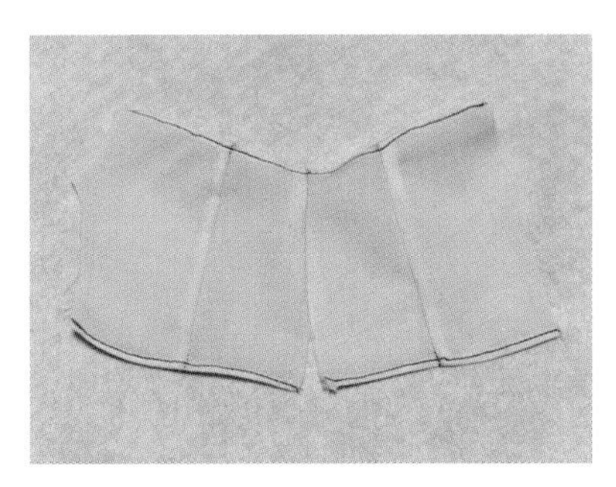

07 褲口也用跟腰圍一樣的方法進行縫紉。

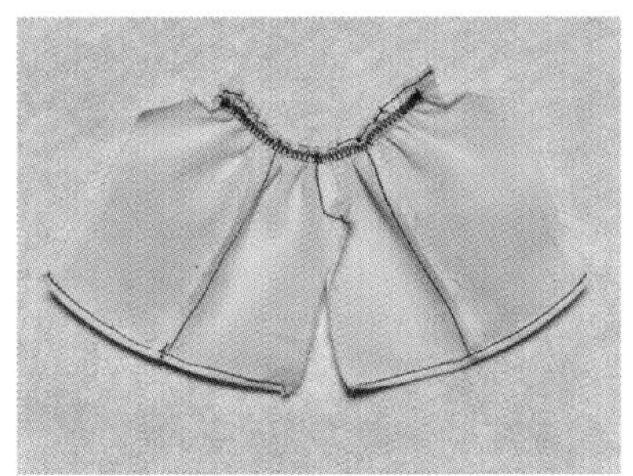

08 從連結好的褲子內面，將鬆緊帶貼合在腰圍完成線往下 7mm 處，並以 Z 字形回針縫縫合。這時候要把鬆緊帶拉到最緊繃的狀態。

09 將鬆緊帶貼合在褲口完成線往上 5mm 處，並以 Z 字形回針縫縫合。這時候要把鬆緊帶拉到最緊繃的狀態。

10 內面朝外對半摺之後，縫合後上襠。

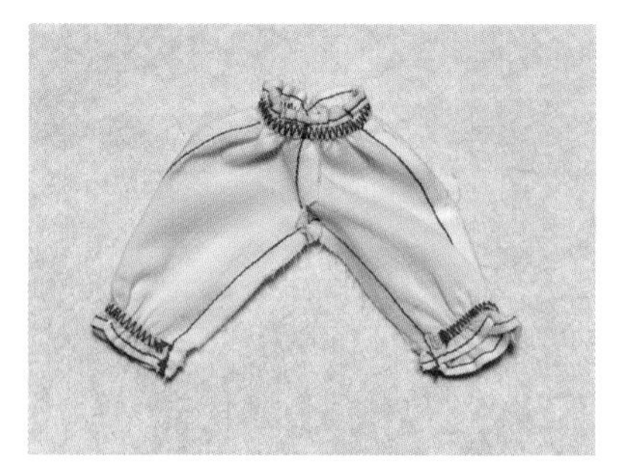

11 將褲子前片和後片仔細整理好之後，從褲口開始，連著大腿內側一起縫合。

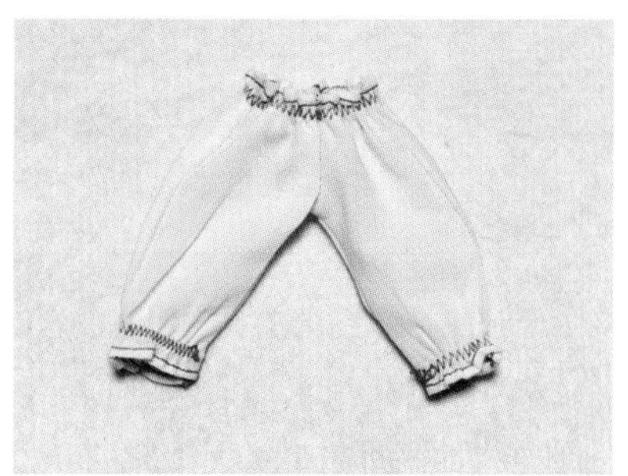

12 將褲子翻到正面就完成了。

• 製作步驟 •

step3. 安妮圍裙

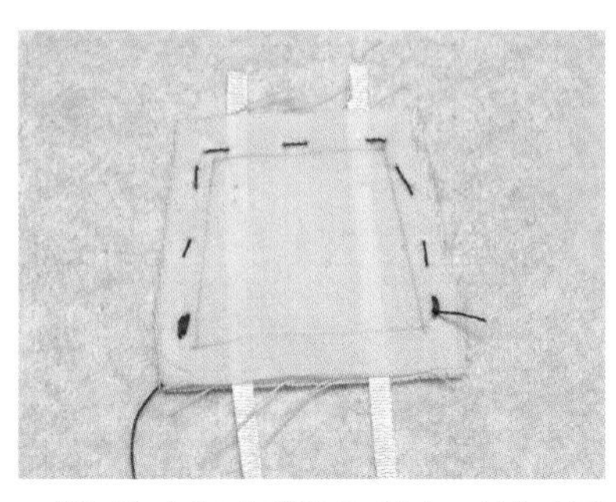

01 將兩片上片正面對正面貼合，然後在兩片上片之間放入肩帶，調整好位置之後，在完成線往上 2mm 處以疏縫固定。

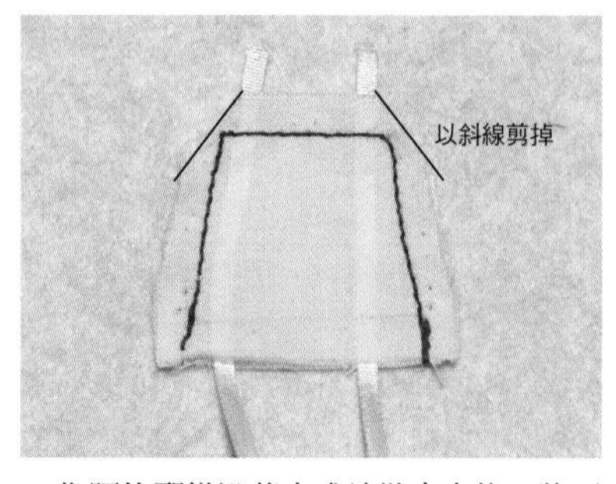

02 像照片那樣沿著完成線縫合之後，將兩端的縫份以斜線剪掉。（將疏縫線拆除）

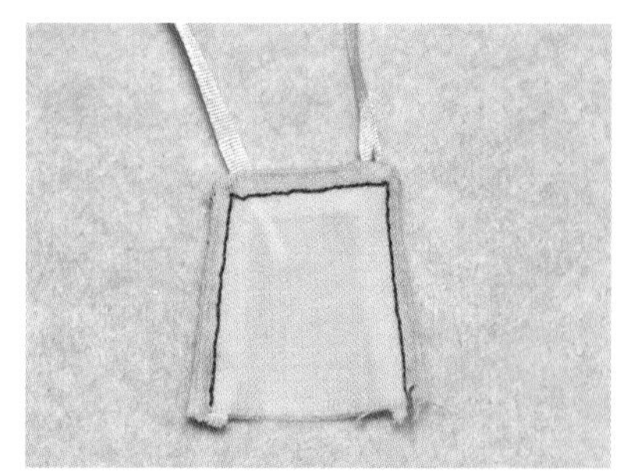

03 翻到正面之後，用熨斗熨燙，將形狀調整好。而且要像照片那樣，沿著周圍縫壓線。

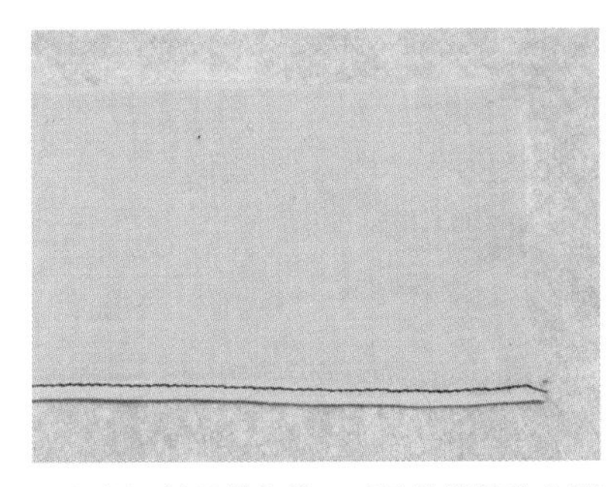

04 裙襬以捲邊縫包縫，或是將縫份往內摺後縫壓線。

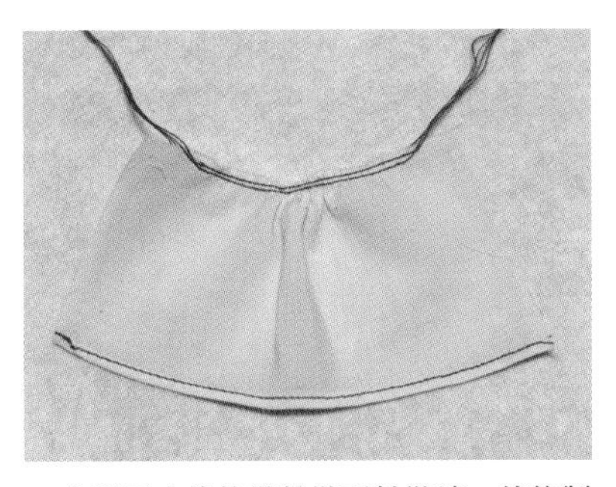

05 在裙子上緣的縫份縫平針縫線，然後製造出皺褶，並使裙子的腰圍縮減成 9cm。

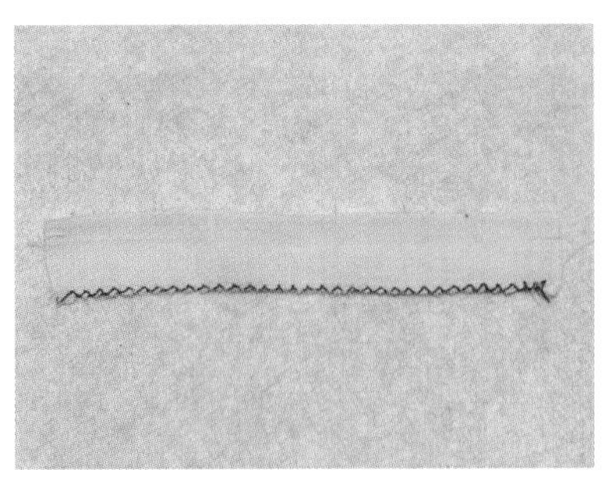

06 為了避免裙子裡布下緣的縫份綻開，要以 Z 字形回針縫包縫。

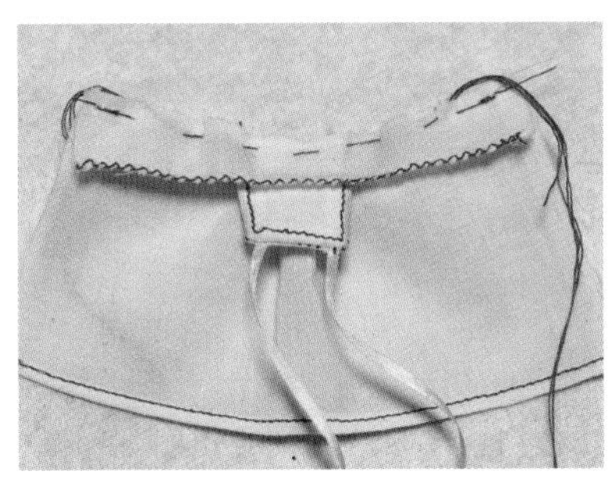

07 將裙子和上片正面對正面貼合層疊，再放上裡布，對齊中心之後，以疏縫固定。

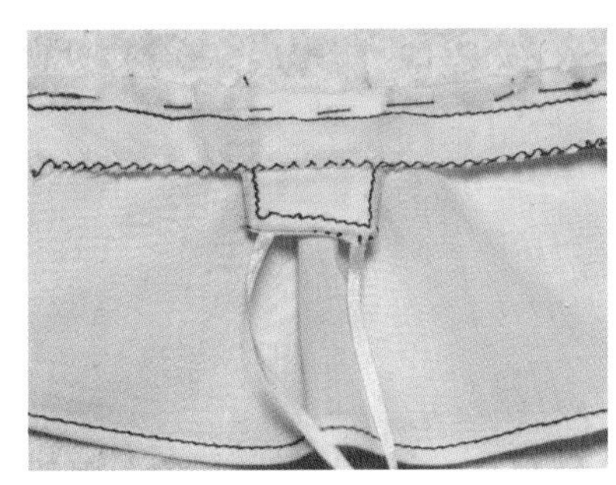

08 沿著腰圍完成線縫合。

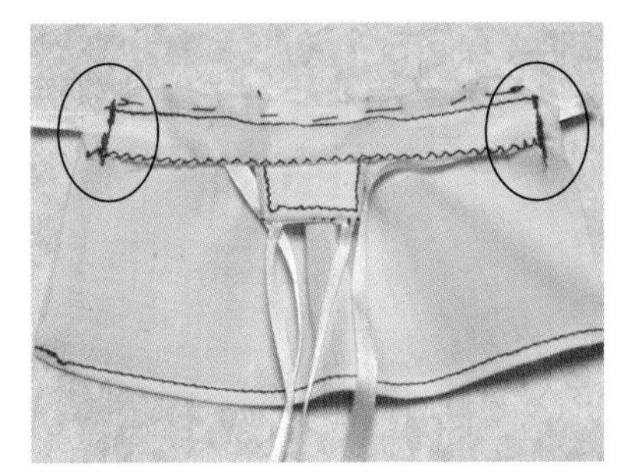

09 將裡布和裙子兩側的緞帶綁帶用珠針固定之後再縫合。

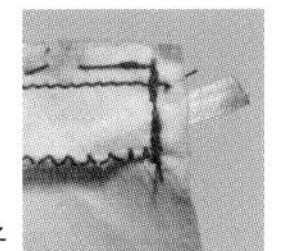

縫合緞帶的部分放大的樣子

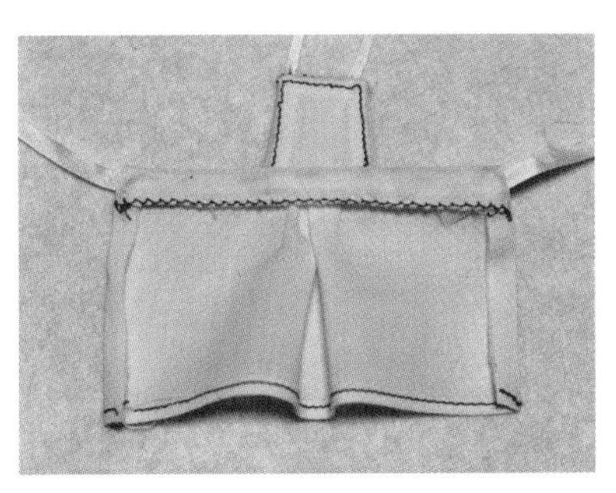

10 將腰圍的疏縫線拆除，並將縫份修短之後，將腰部翻面。

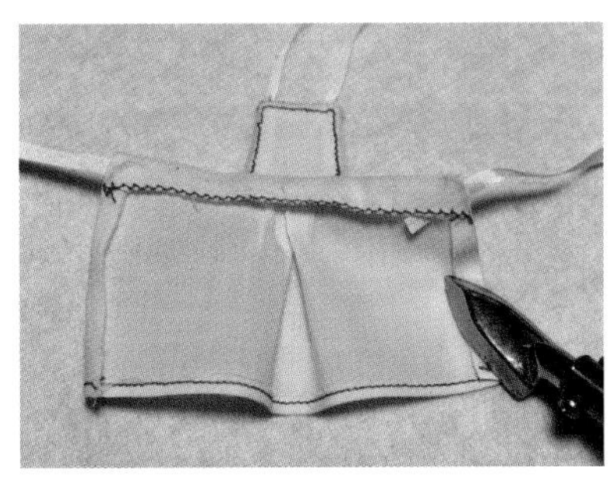

11 整燙裙子兩側的縫份。

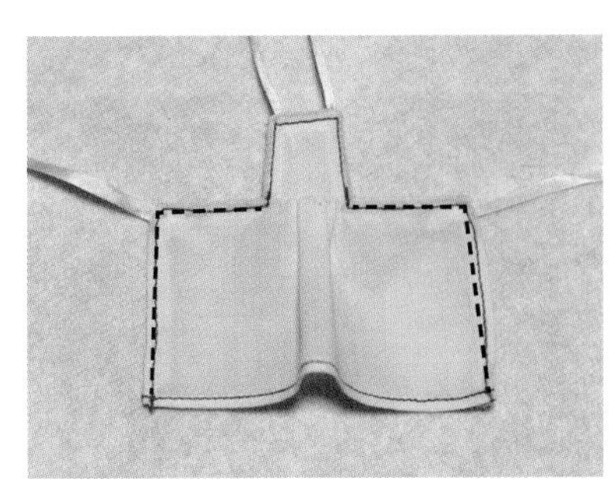

12 依照照片上的標示，從正面沿著外輪廓線縫壓線。

黛安娜服裝套組

製作跟黛安娜的黑髮非常相配的藍色連身洋裝。
蓬蓬的袖子也是安妮的夢想。
也一起製作適合搭配洋裝既高雅又可愛的圍裙吧。
襯褲（燈籠褲）的製作方法跟安妮的襯褲一樣。

• 組成 •

連身洋裝、襯褲、圍裙

step1. 黛安娜連身洋裝

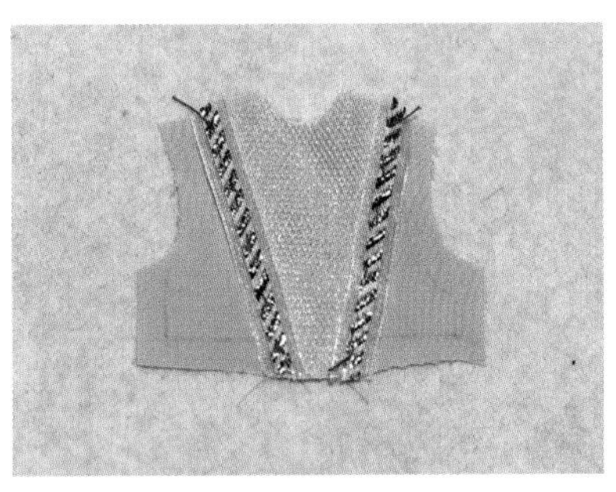

01 像照片那樣，用網紗和緞帶裝飾上衣前片，調整好位置之後進行疏縫。

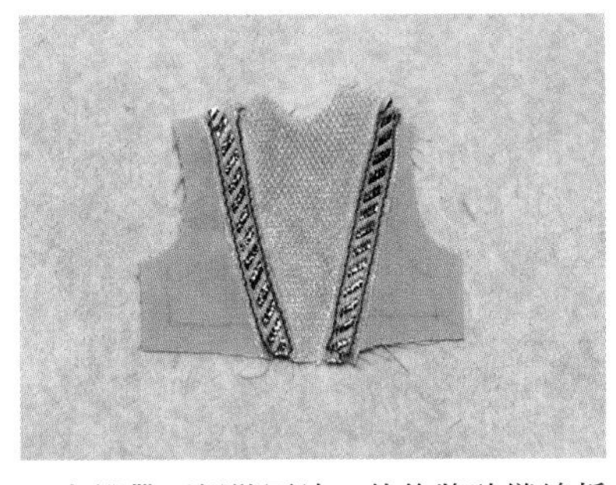

02 在緞帶兩側縫壓線，然後將疏縫線拆除。

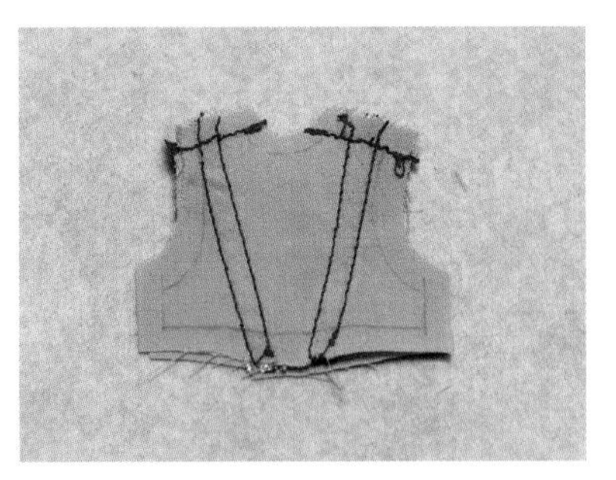

03 將前片和後片正面對正面貼合，並縫合肩線。

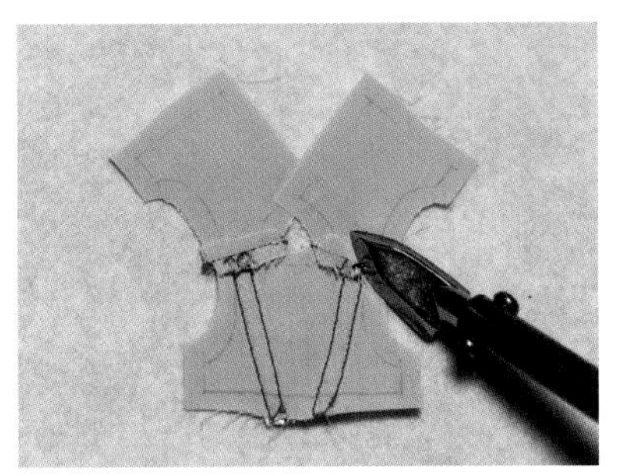

04 將肩線縫份朝兩邊分開並燙平。

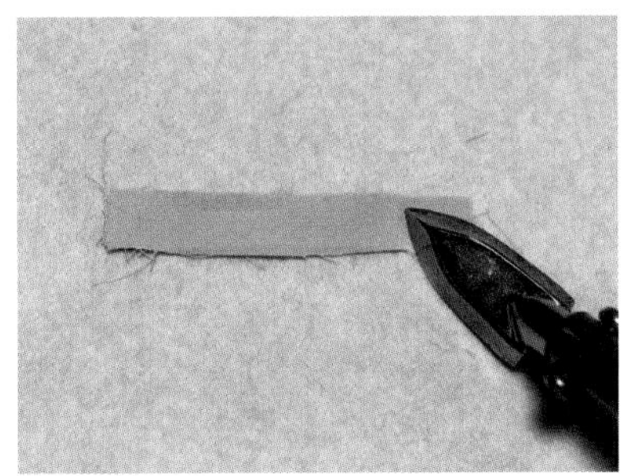

05 將領子對半摺並燙平。

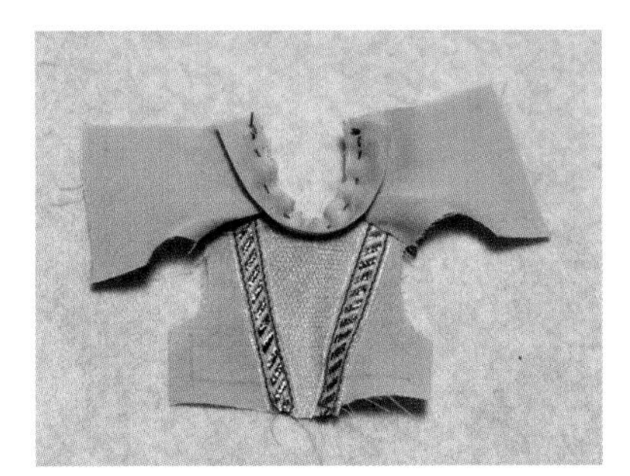

06 將上衣和領子正面對正面貼合，先疏縫再縫合。

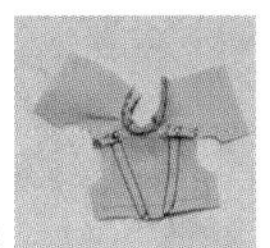

從內面看的樣子

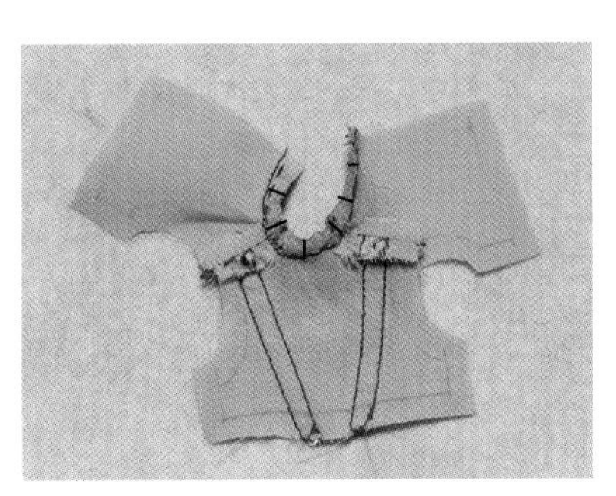

07 在頸圍縫份剪牙口。

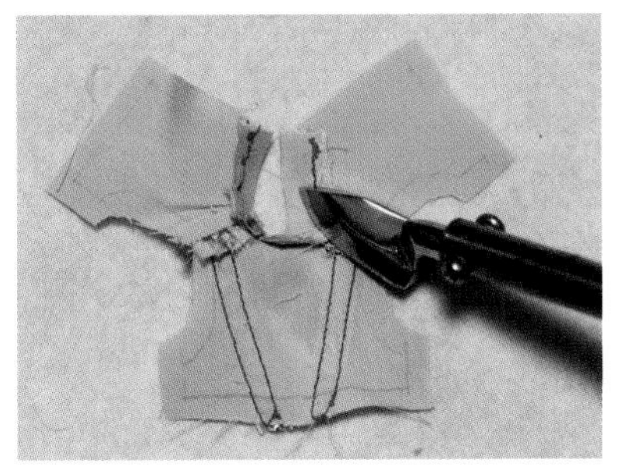

08 將領子和頸圍的縫份往下摺並燙平。

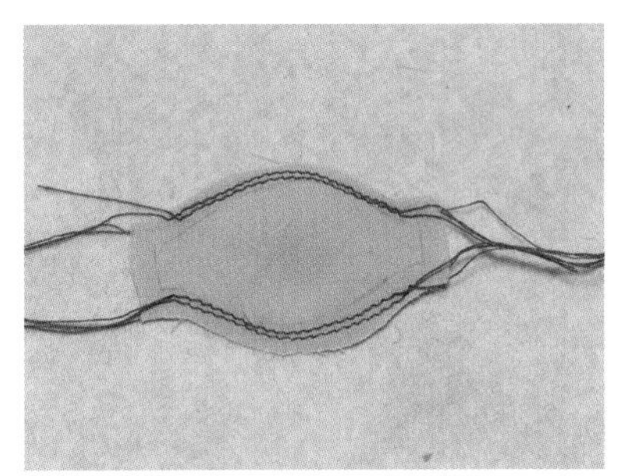

09 為了在袖山及袖口製造皺褶，要分別縫上兩條平針縫線。

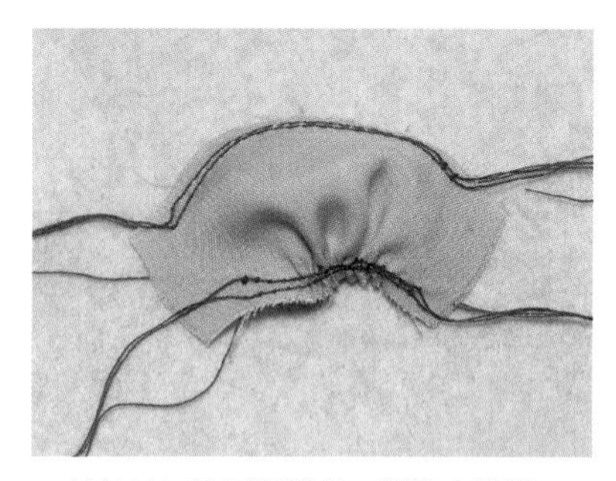

10 拉扯袖口的平針縫線，製造出皺褶。

11 將袖管下緣縫份往內摺並燙平，然後縫壓線。

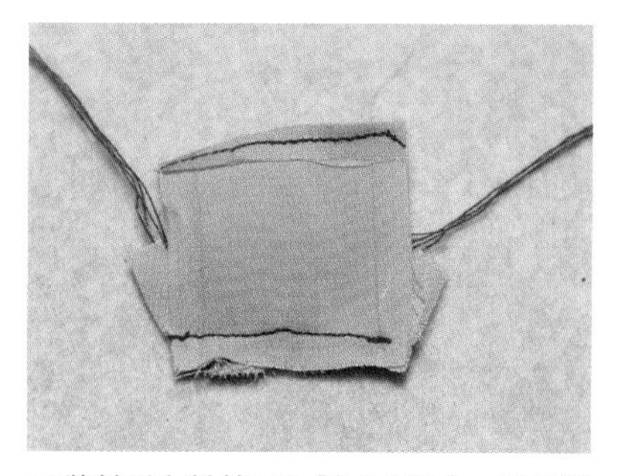

12 將袖子和袖管正面對正面貼合，以疏縫固定之後，沿著完成線縫合。將疏縫線拆除。

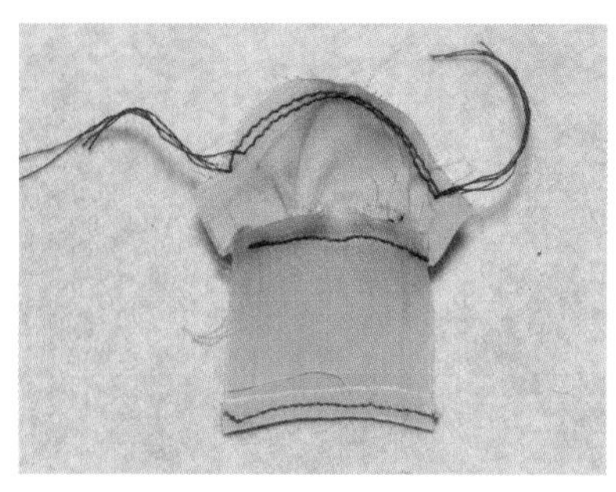

13 拉扯袖山的平針縫線，製造出皺褶，然後將袖管及袖口縫合處的縫份往上摺並燙平。另一邊袖子也用相同的方法縫製。

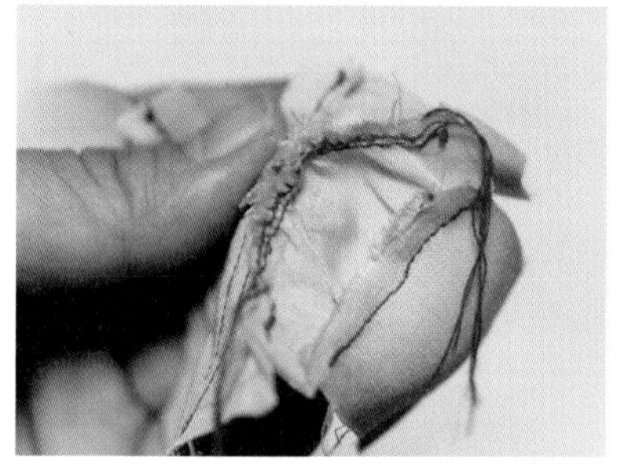

14 將上衣和袖子正面對正面貼合，以疏縫固定之後再縫合。

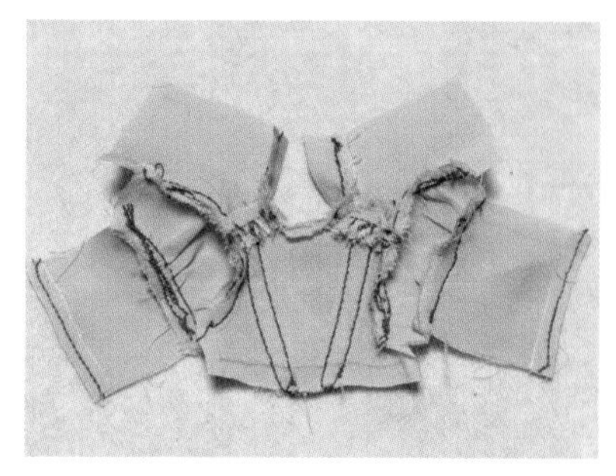

15 另一邊也用相同的方法縫製。

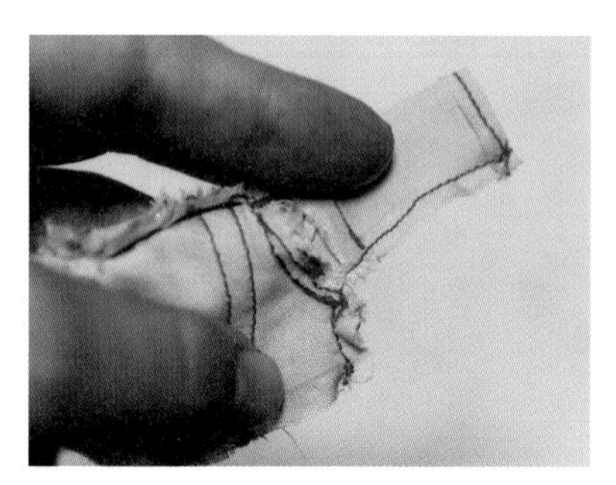

16 將側縫及袖子下緣線縫合。

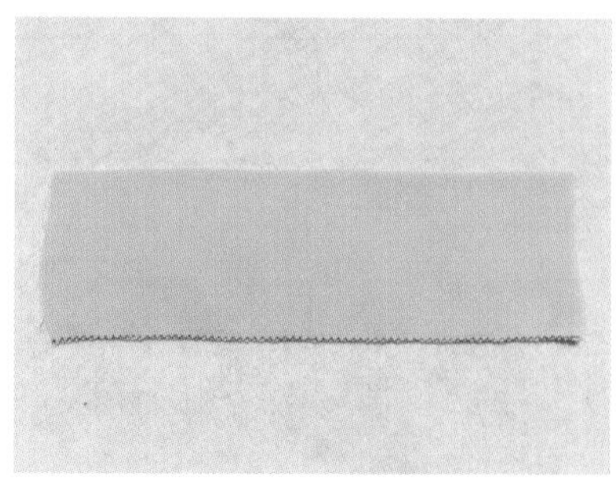

17 為了避免裙襬綻開，請利用 Z 字形回針縫包縫。

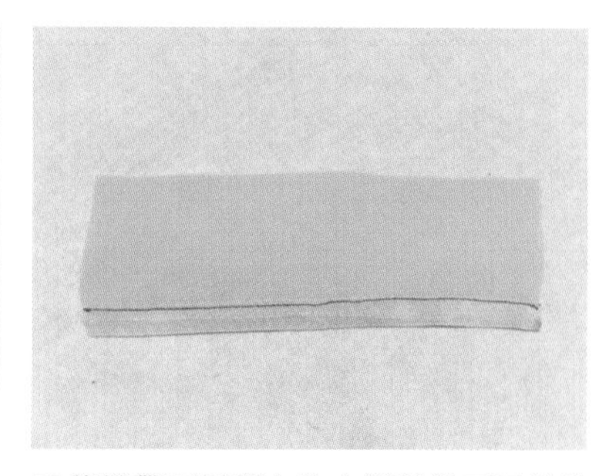

18 將緞帶正面朝上放在裙襬的正面並縫合。

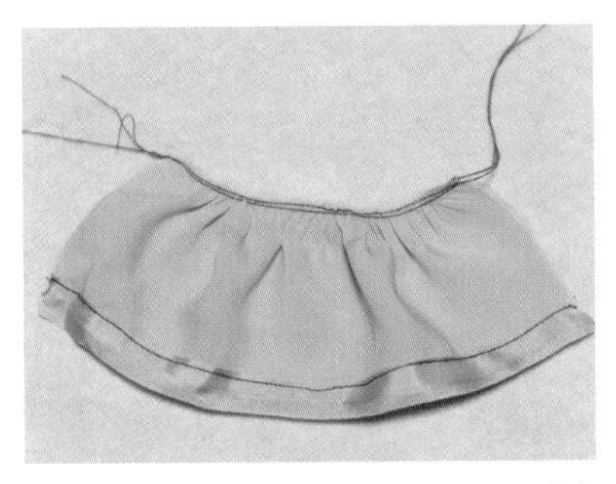

19 在裙子腰圍的縫份上縫兩條平針縫線之後，拉扯縫線，製造出皺褶。這時候裙子的腰圍要縮減成 10cm 左右。

20 將上衣和裙子正面對正面貼合並縫合。

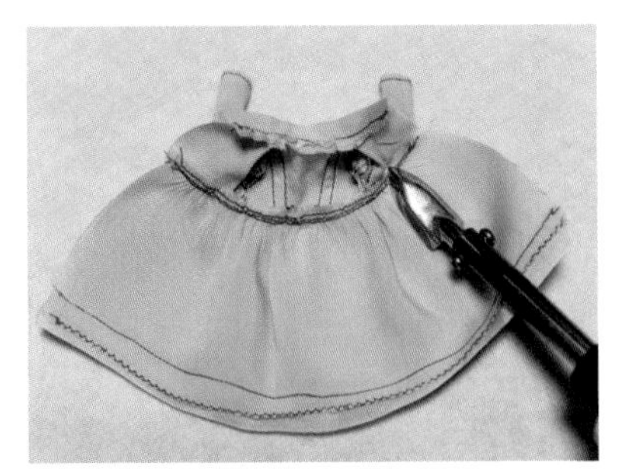

21 將縫份往上摺並燙平。

22 翻面之後將緞帶放到腰圍上，以疏縫固定之後，在緞帶上下緣各縫一條壓線。

23 內面朝外對半摺，從裙襬往上縫合到紙型標示的位置。

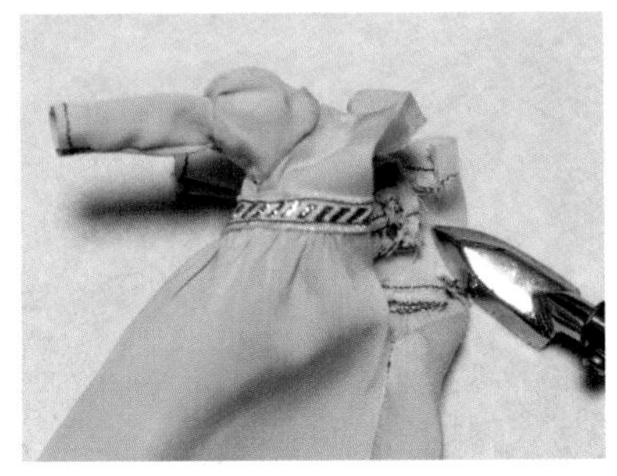

24 翻到正面之後，將兩邊後門襟的縫份往內摺並燙平，使其固定。

25 兩邊後門襟都縫上壓線。

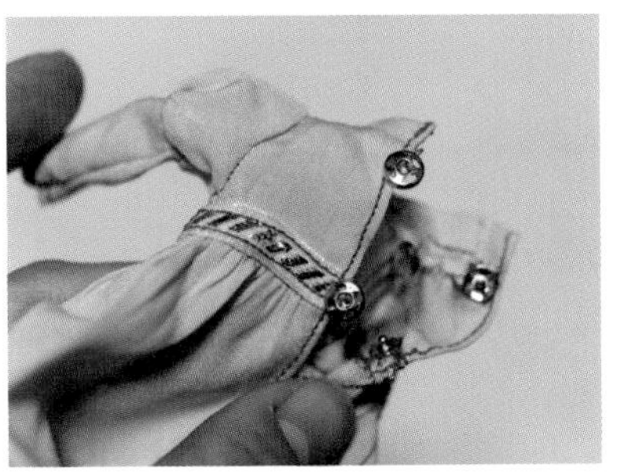

26 縫上兩組暗釦作為結尾。

Tischab

step2. 黛安娜圍裙

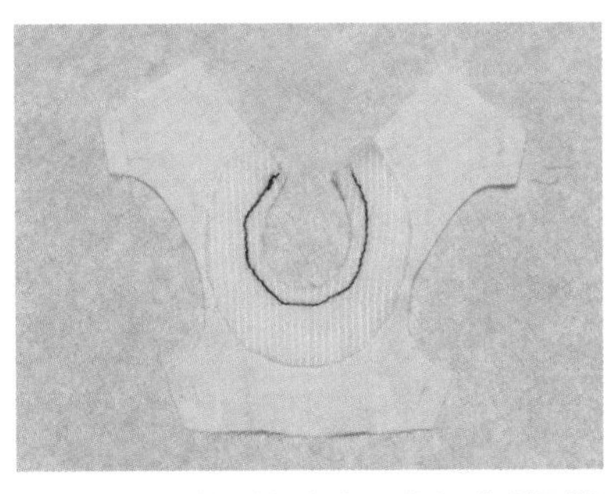

01 將布襯疊放到上衣上，並沿著頸圍縫合。（這時候上衣的內面和布襯的粗糙面都要朝外）

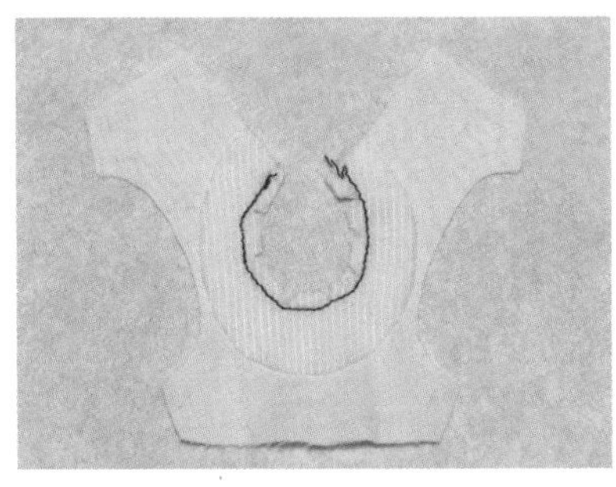

02 在頸圍的縫份剪牙口。

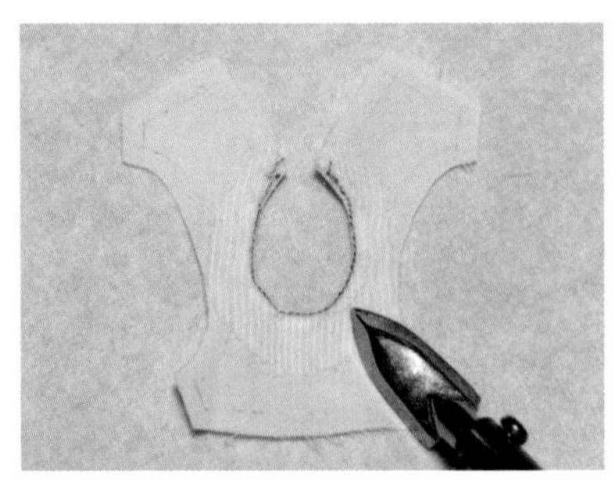

03 翻到正面並燙平。

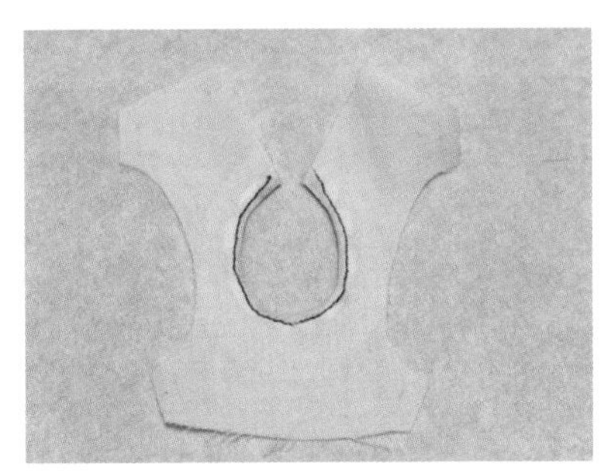

04 從上衣正面沿著頸圍縫壓線。

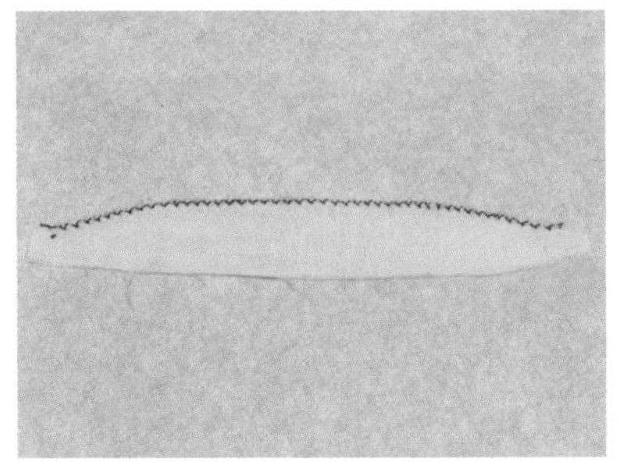

05 為了避免袖口那側綻開，請用 Z 字形回針縫包縫。

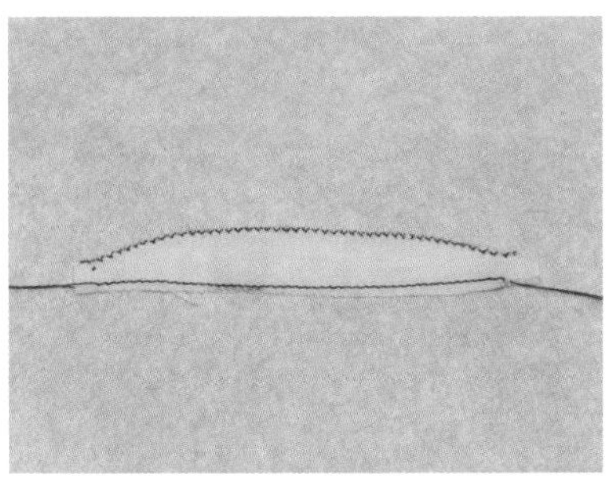

06 為了製造皺褶，要在袖山那邊縫平針縫線。

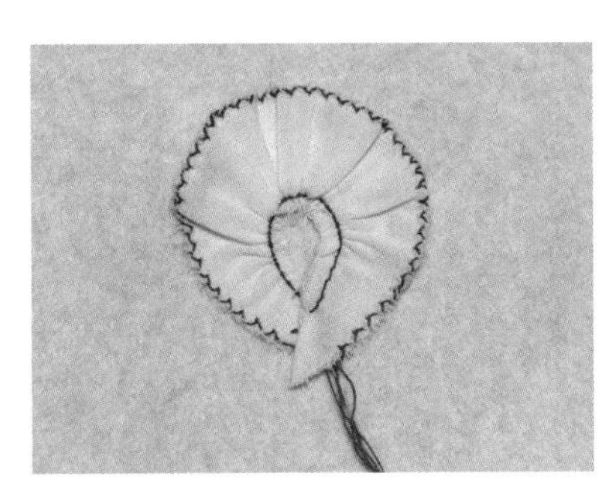

07 拉扯縫線，製造出皺褶。

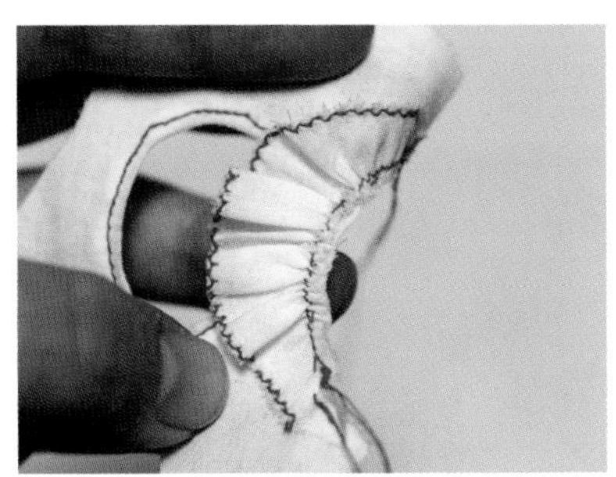

08 將上衣和袖子以疏縫固定。

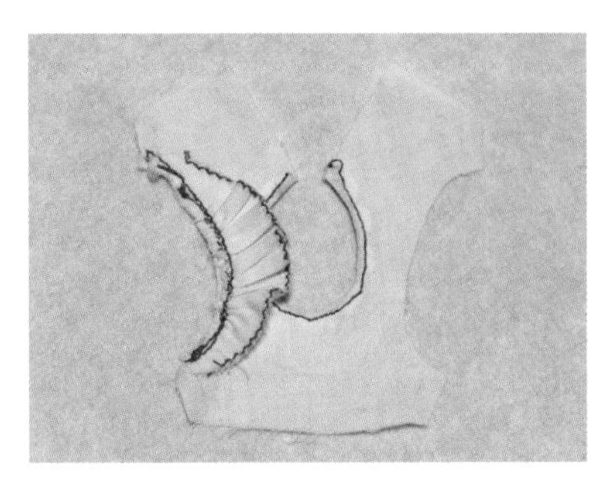

09 沿著完成線縫合，使袖子結合到上衣上並將疏縫線拆除。

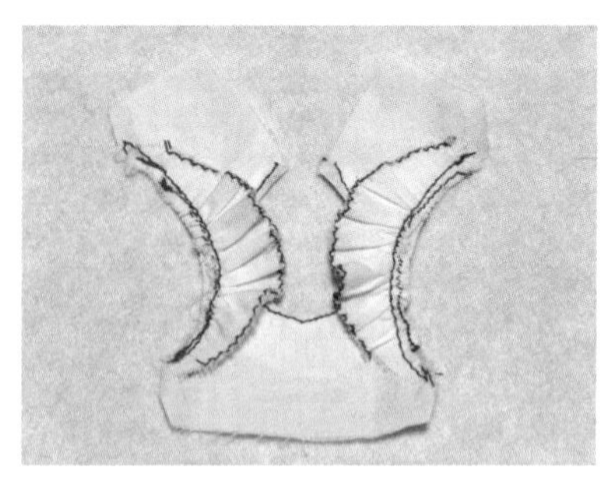

10 另一邊也用相同的方法縫製。

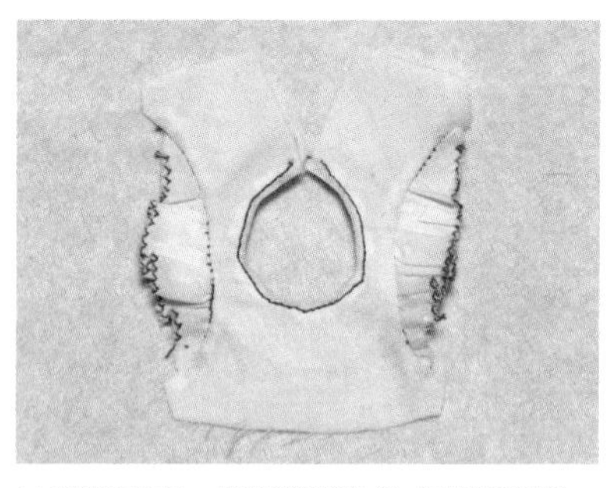

11 翻到正面，接著將縫份往衣身那邊摺，並將袖子朝外整燙。

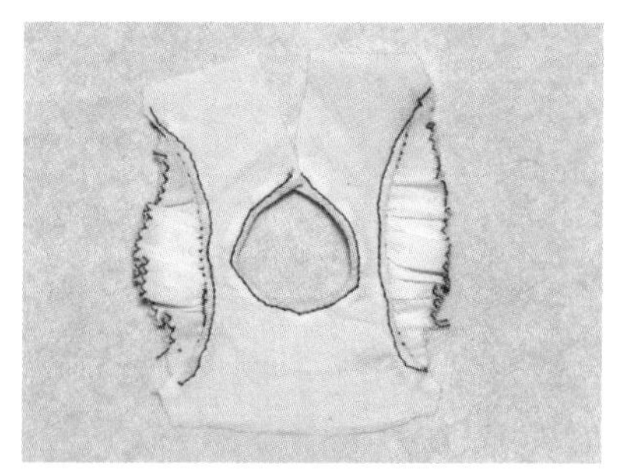

12 從正面沿著袖襱線縫壓線。

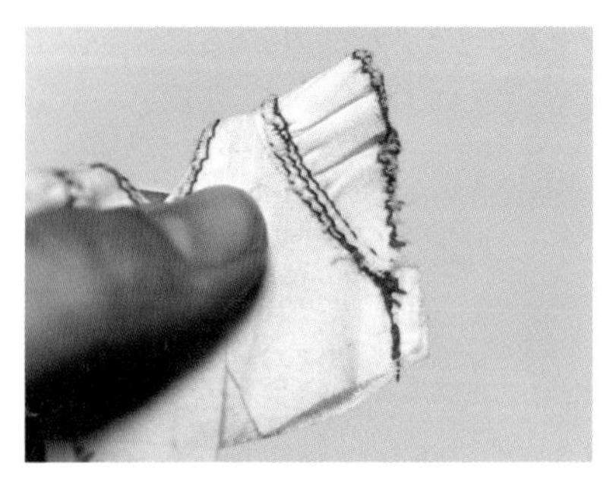

13 以肩線為中心，內面朝外對半摺，縫合兩邊的側縫。

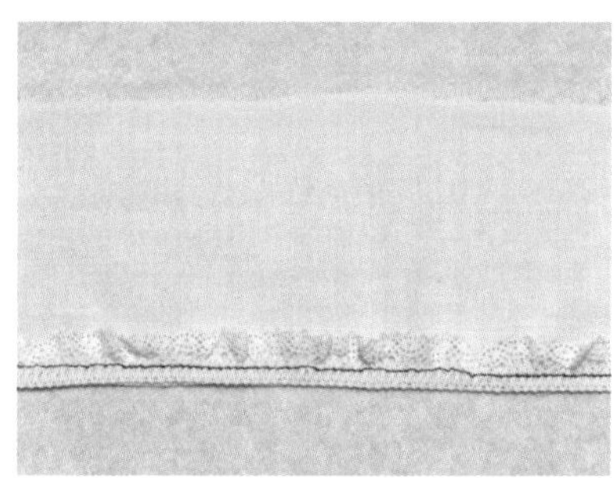

14 將裙襬和蕾絲正面對正面貼合並縫合。

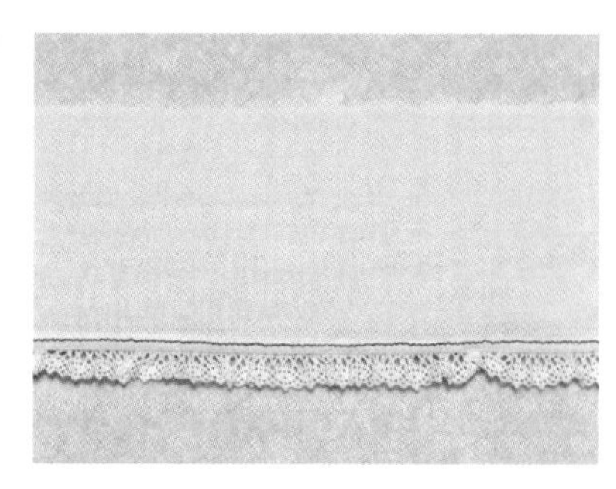

15 將縫份往上摺並燙平，然後從正面縫壓線。

16 在腰圍縫份上縫兩條平針縫線，然後拉扯縫線，製造出皺褶。這時候腰圍要縮減成 9cm 左右。

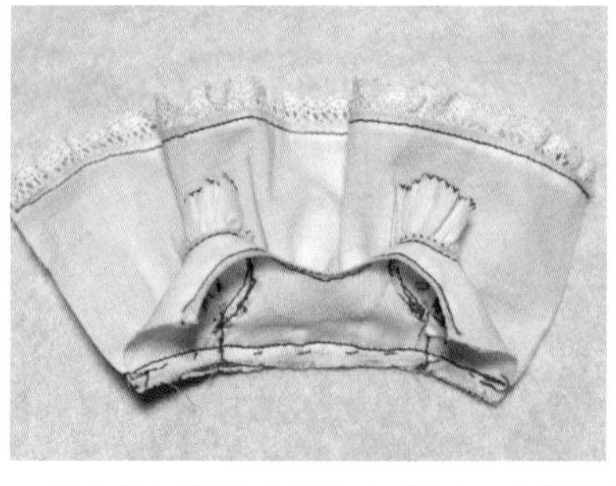

17 將上衣和裙子正面對正面貼合，先疏縫再沿著完成線縫合。將疏縫線拆除。

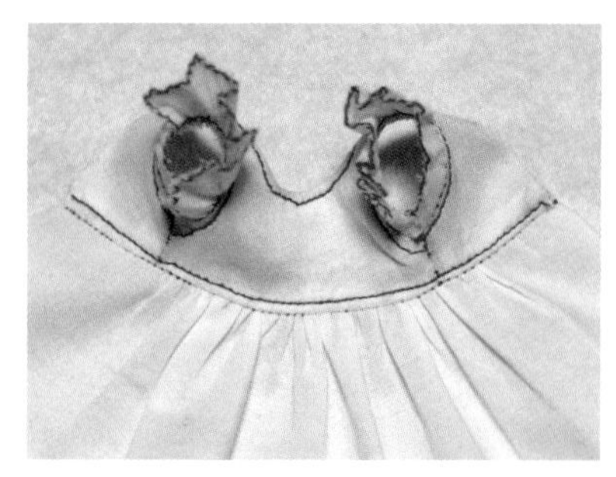

18 將縫份往上摺並燙平，然後從正面沿著腰圍線縫壓線。

19將肩膀的緞帶和腰部的緞帶放到後門襟上，確認好位置之後，放上布襯並以疏縫固定，然後再進行縫合。

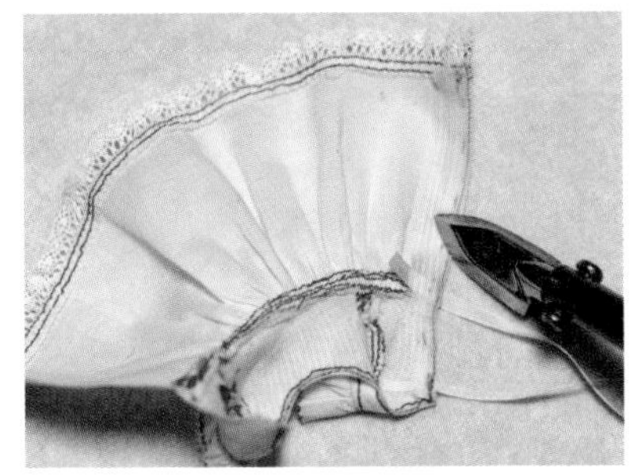

20將布襯往後翻摺並燙平。

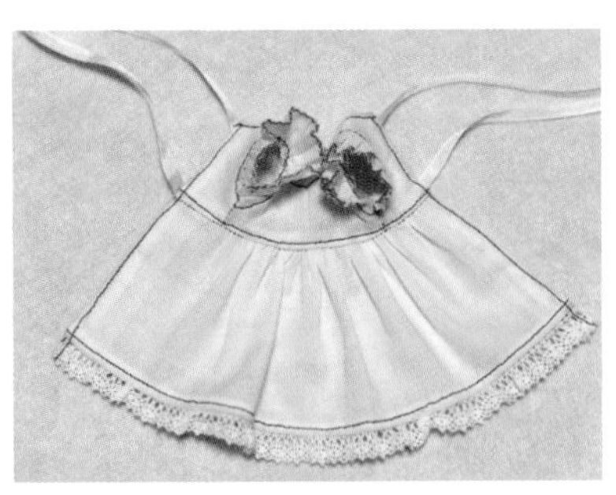

21從正面沿著門襟線縫壓線。另一邊也用相同的方法縫製，這樣就完成了。

金髮女孩與三隻熊

作者：Siesta

部落格：minip.blog.me

instagram：@siesta_min

灰姑娘

作者：金正銀

部落格：kimunnie1.blog.me

instagram：@ kimunnie2

綠野仙蹤

作者：Violet

部落格：yayaya74.blog.me

instagram：@ violet741202

水手服少女

作者：Madame Flora

部落格：nicole0615.blog.me

instagram：@mfloradoll

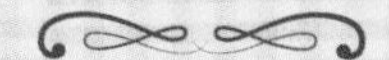

Chapter 3

金髮女孩與三隻熊

Goldilocks and the Three Bears

灰姑娘

Cinderella

綠野仙蹤

The Wizard of Oz

水手服少女

Girls in Sailor Dresses

金髮女孩連身洋裝

三隻熊的主角，淘氣的金髮女孩，
這是一邊想著金髮女孩的模樣，一邊設計的洋裝。
在裙襬添加蕾絲，呈現出可愛活潑的氛圍。
即使只是更換蕾絲的種類，也能呈現出各式各樣的感覺喔！

•組成•

連身洋裝

金髮女孩連身洋裝

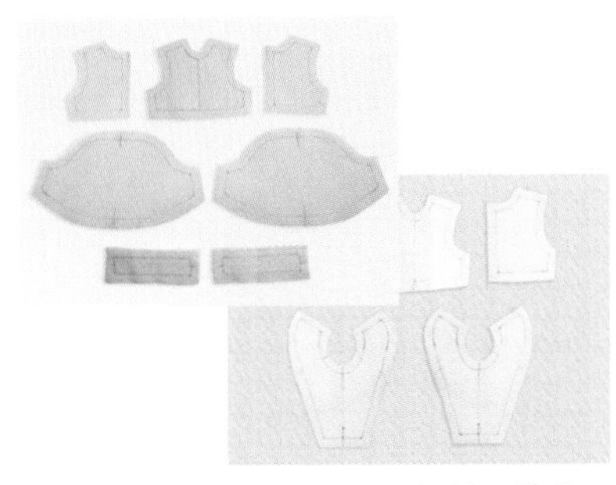

01 將紙型放在布料背面進行描繪並剪裁。如果是容易綻開的布料，請塗上防綻液。

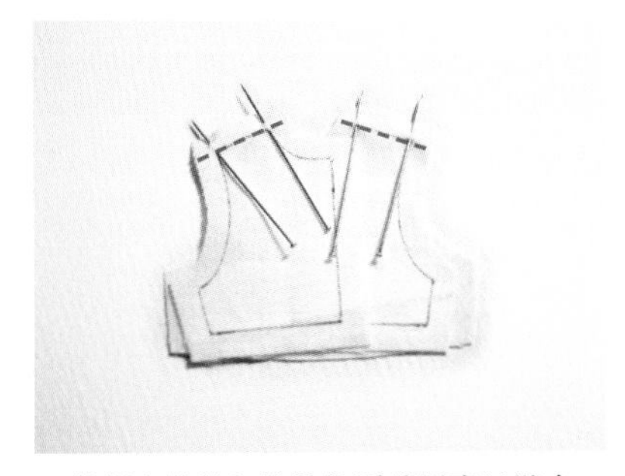

02 將裡布前片和後片的肩線對齊並縫合。

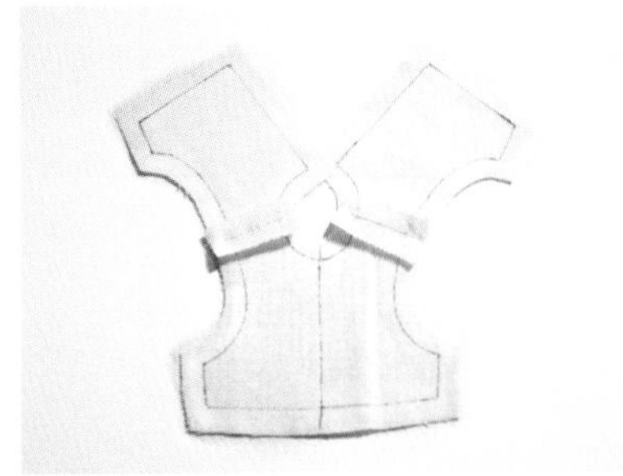

03 將縫份朝兩邊分開。

04 在袖襱縫份剪牙口，然後將縫份往內摺，並從正面縫壓線。

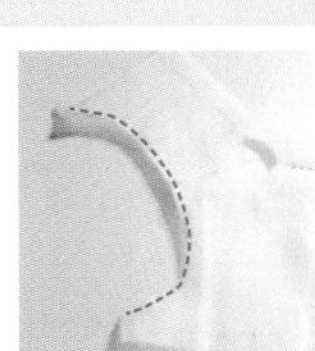

05 為了固定蕾絲，請在領子正面邊緣塗上黏著劑。

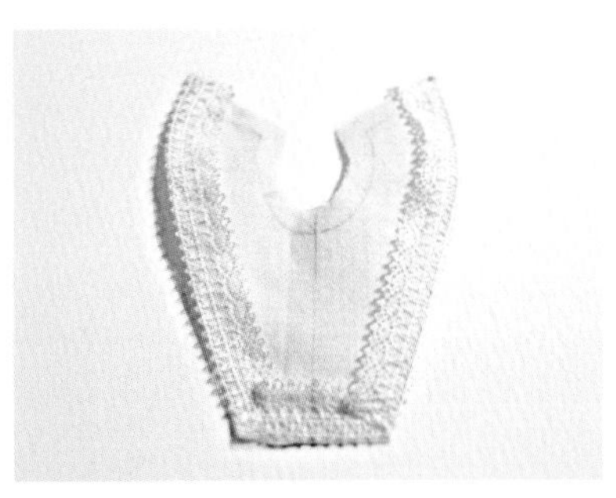

06 像照片那樣，將領子和蕾絲正面對正面黏合。

07 放上領子裡布並用珠針固定。

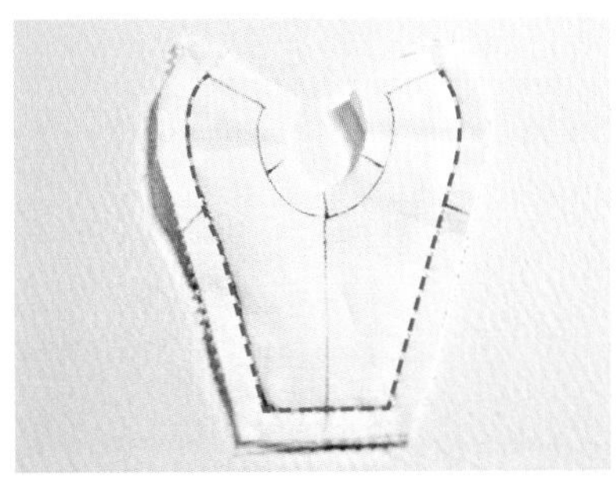

08 沿著照片中標示的線縫合。

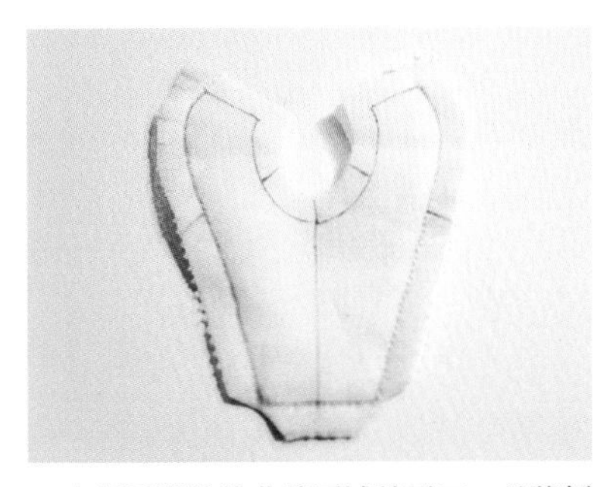

09 在領子縫份的曲線區域剪牙口，並將領子下緣的兩角縫份以斜線剪掉。

10將領子翻面之後，從正面沿著邊線縫壓線。

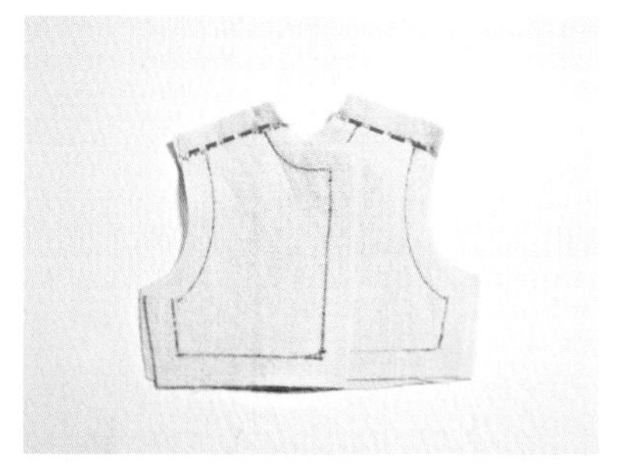

11將連身洋裝的上衣前片和後片正面對正面貼合，用珠針固定後，縫合兩邊肩線。

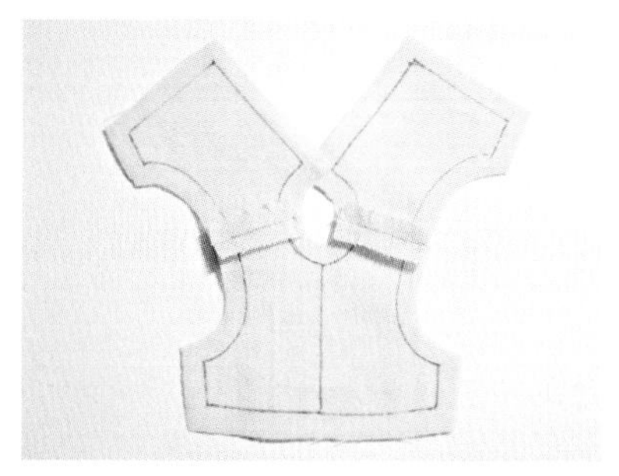

12將肩線的縫份朝兩邊分開。

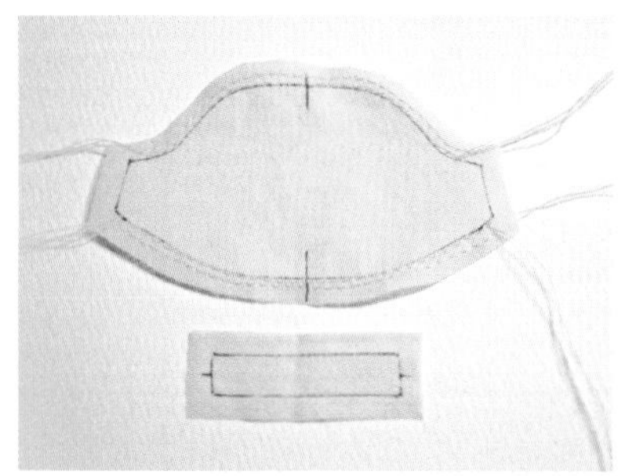

13袖山和袖口皆以張力 1～2、針趾長度 2.5～3mm 縫上兩條線。縫上兩條線，皺褶會製造得更漂亮。分別拉扯兩線中的上線，製造出皺褶。

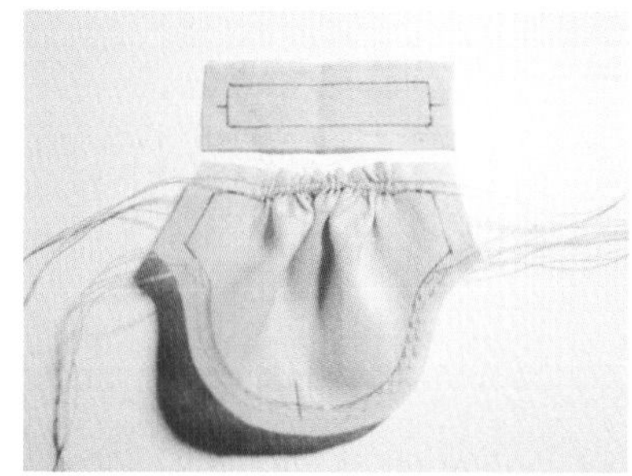

14拉扯袖口的上線，使袖口縮減成符合袖口裁片的長度。

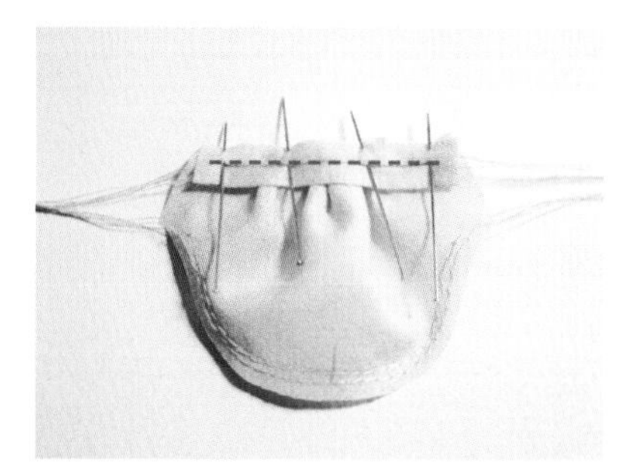

15將袖口裁片對半摺。將袖口裁片和袖子貼合，用珠針固定之後，沿著完成線縫合。另一邊也用相同的方法縫製。

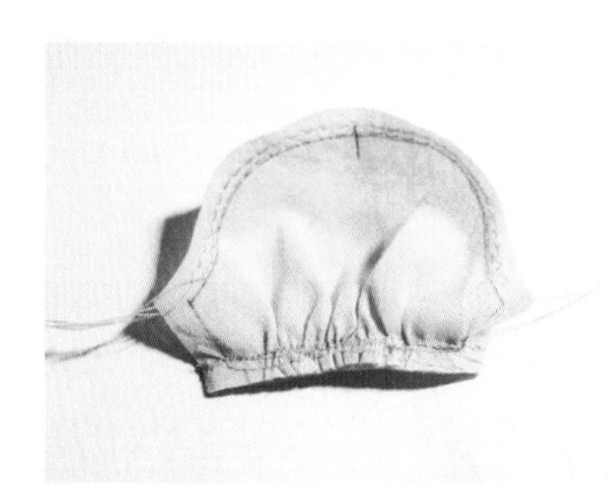

16拉扯袖山的上線，製造出皺褶。

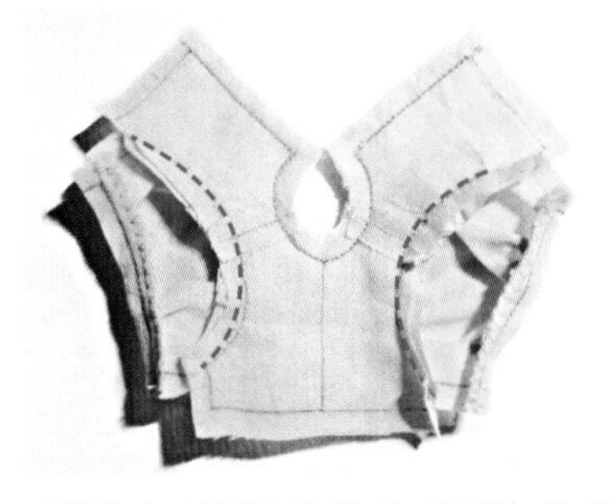

17將上衣（袖襱）和袖子正面對正面貼合，用珠針固定之後，沿著完成線縫合。

18翻到正面並放上領子。（將頸圍的中心線和領子的中心線好好對齊）

19上面再放上裡布，而且裡布要內面朝上。

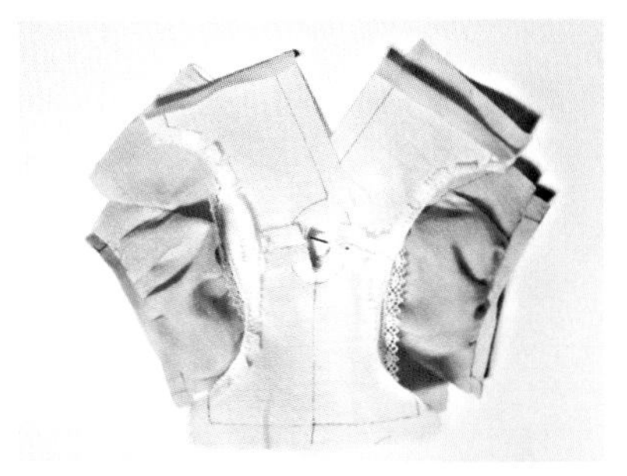

20將裡布的縫份摺好。

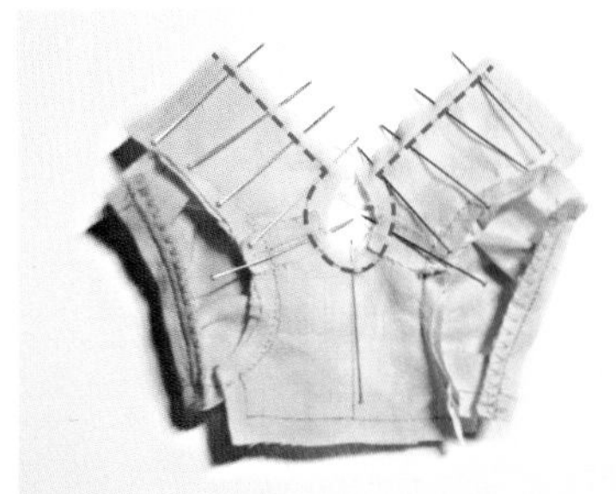

21將表布、領子、裡布用珠針固定之後，沿著頸圍的完成線縫合。

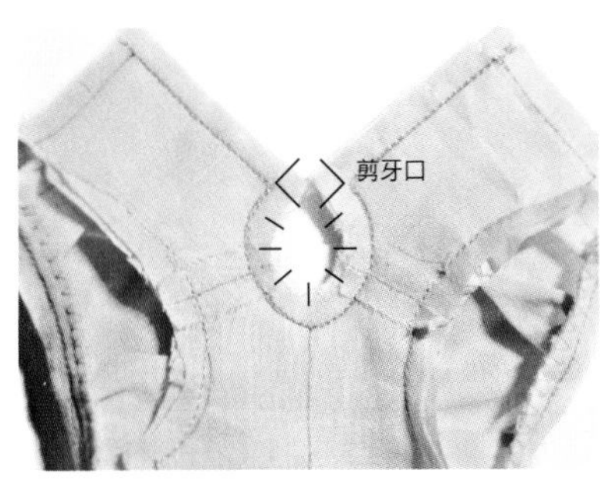

22在頸圍縫份剪牙口。稜角則是像照片中標示的那樣剪掉。

23將上衣翻到正面。

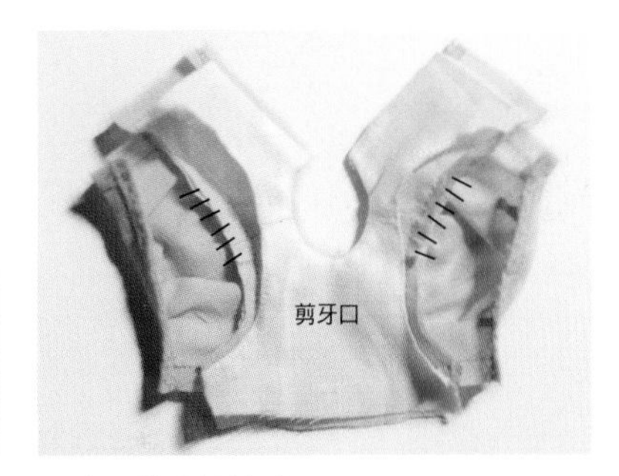

24在袖襱縫份剪牙口。

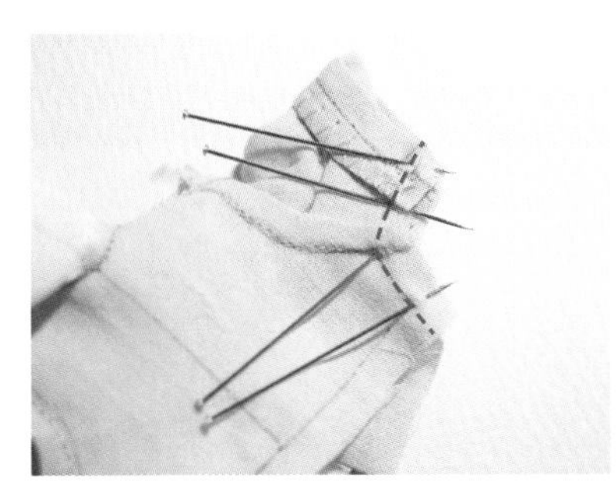

25以肩線為中心，內面朝外對半摺，接著用珠針固定袖子和側縫，然後沿著完成線縫合。

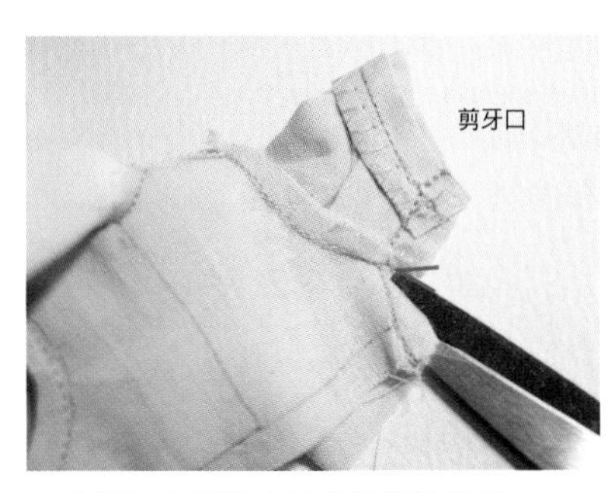

26在袖子和側縫交界處的縫份剪牙口。

27利用反裡鉗將袖子翻面。

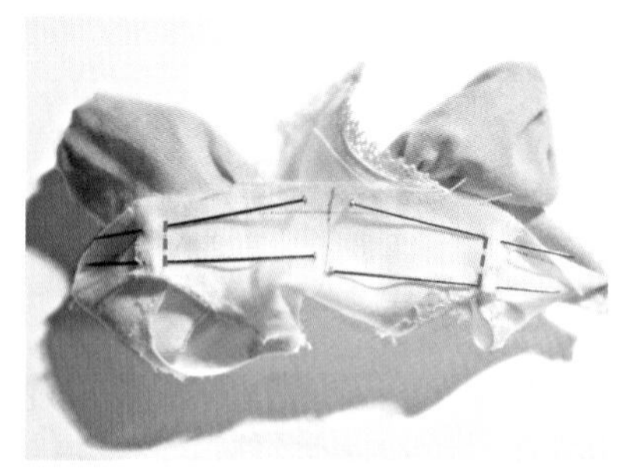

28 從裡布的內面沿著側縫完成線縫合，然後將縫份朝兩側分開。

29 將裡布下襬縫份往內摺。

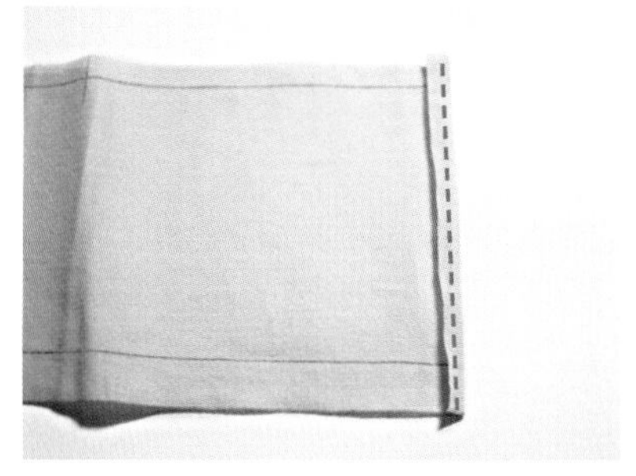

30 將裙子兩側縫份往內摺並縫合。

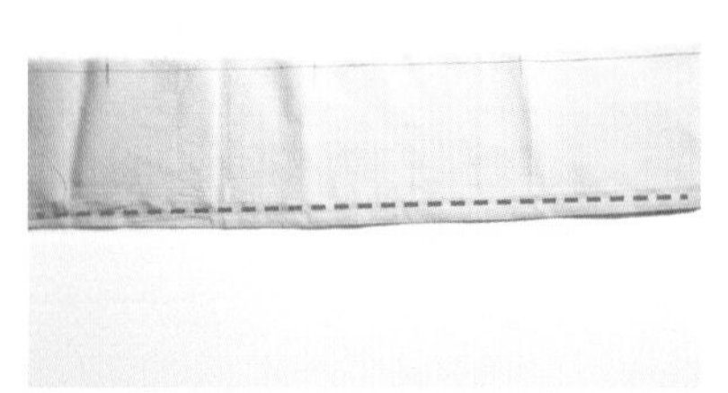

31 將裙襬縫份往內摺並縫合。

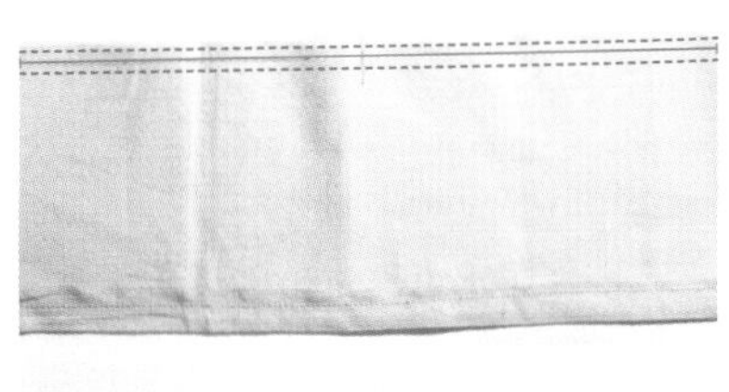

32 為了製造裙子的皺褶，將針趾長度調整成 2.5～3mm，然後在裙子上緣的完成線上下各縫一條線。

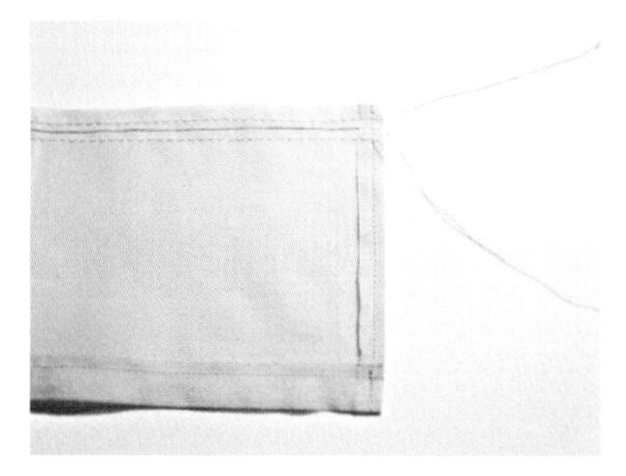

33 拉扯縫線的上線，製造出充足的裙子皺褶。

34 製造出皺褶後，進行整燙，使其固定。

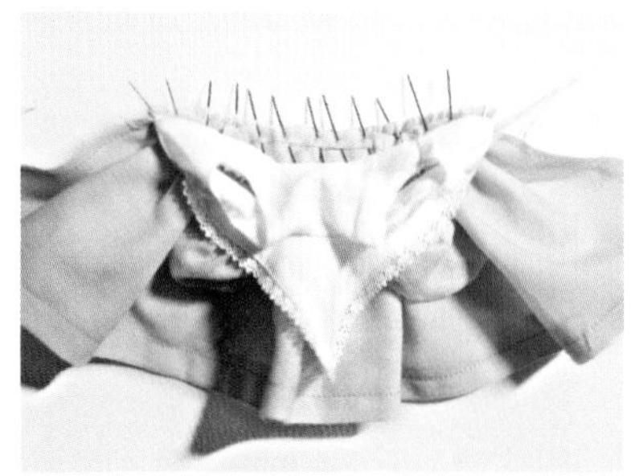

35 將上衣和裙子正面對正面貼合，並用珠針固定。

36 沿著完成線縫合，使腰圍結合在一起，然後將為了製造皺褶而縫上的縫線拆除。

37 將腰圍縫份往上摺，並從正面沿著腰圍線縫壓線。

38 將裡布的縫份摺整齊，以藏針縫縫到裙子上。

39 像照片那樣，將裙子後邊重疊，用珠針固定之後縫合。

40 在後門襟上縫兩組暗釦。

41 將剪裁時使用的筆跡消除，並一邊熨燙，一邊調整形狀。依照喜好用緞帶、蕾絲、鈕釦或珠珠等來裝飾連身洋裝。

只要改變顏色和前面的裝飾，就能呈現出各式各樣的風格！

• TIP •

添加蕾絲圍裙　如果在裙子上添加蕾絲或其他布料，就會有外罩紗裙的感覺。

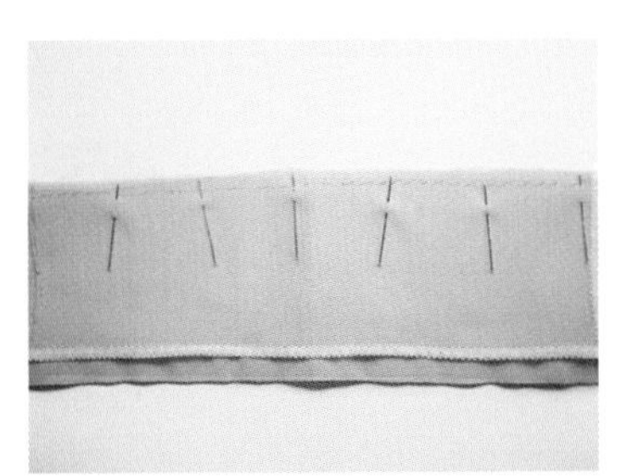

在步驟 32 中，將蕾絲放到裙子上，並用珠針固定。

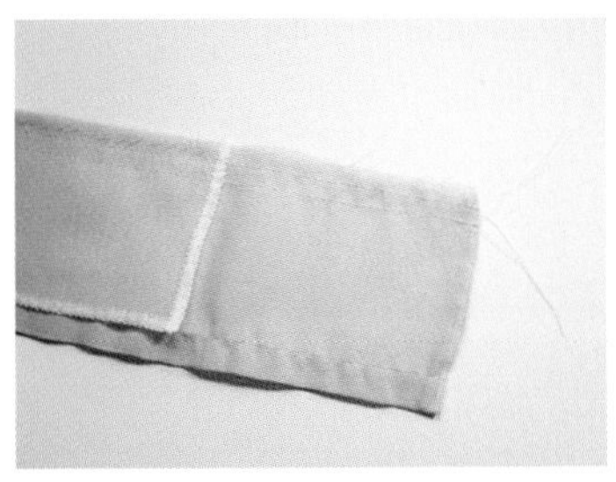

為了製造裙子的皺褶，要以這個狀態，在完成線上下各縫一條線。

拉扯縫線的上線，製造出皺褶。製造出漂亮的皺褶後，進行整燙，使其固定。

灰姑娘晚禮服

娃娃遊戲的浪漫之一就是藏不住的公主時尚。
我要介紹一款製作簡便的晚禮服。
如果因為覺得製作禮服很難而躊躇不前的話，現在就來挑戰看看吧！
雖然很簡單製作，但是卻能利用網紗的效果呈現出華麗的感覺。

• 組成 •

晚禮服

灰姑娘晚禮服

01 剪兩片比紙型稍微大一點的網紗布料。（肩膀的荷葉邊紙型）

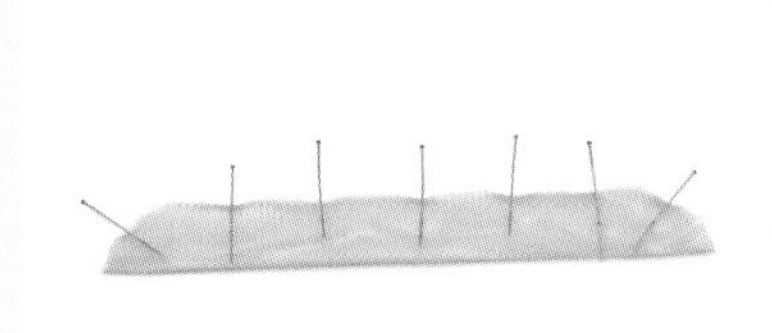

02 對半摺並按照紙型剪裁。

Tip 這時候要剪成沒有縫份的樣子。

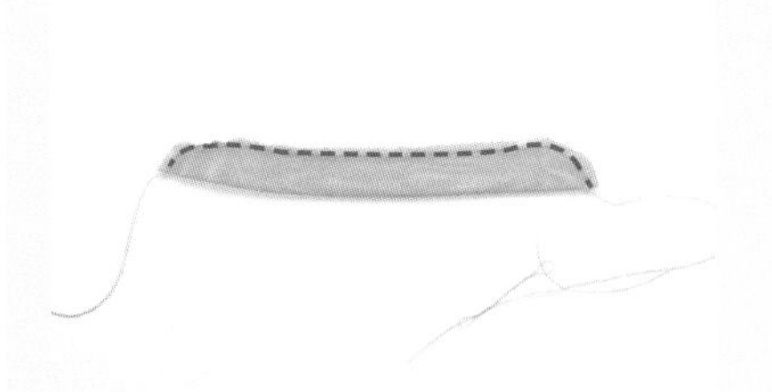

03 為了製造皺褶，請縫上平針縫線。

04 拉扯平針縫線，製造出皺褶，並將長度縮減成 5.5cm 左右。（請準備兩片）

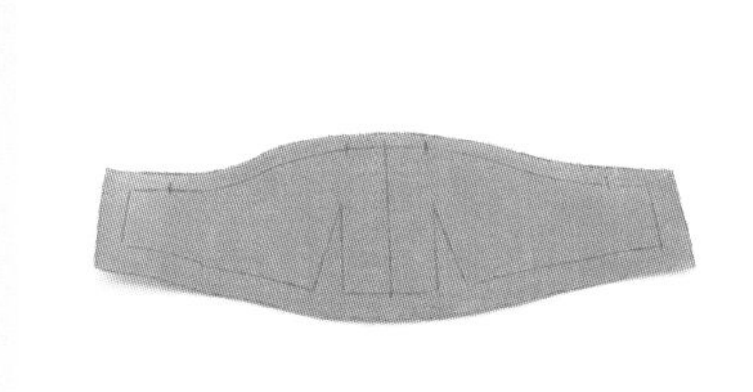

05 將上衣紙型放到布料上，描繪完再加上縫份，然後進行剪裁。（請準備兩片。表布一片，裡布一片）

06 像照片那樣，在表布的正面放上蕾絲，然後以回針縫縫合。

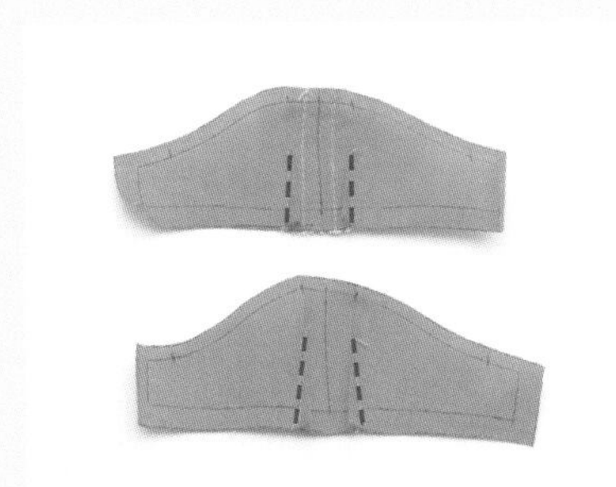

07 將上衣表布和裡布的尖褶縫好。

08 將步驟 4 的荷葉邊依照紙型標示的位置，用珠針固定到上衣表布的正面兩側。

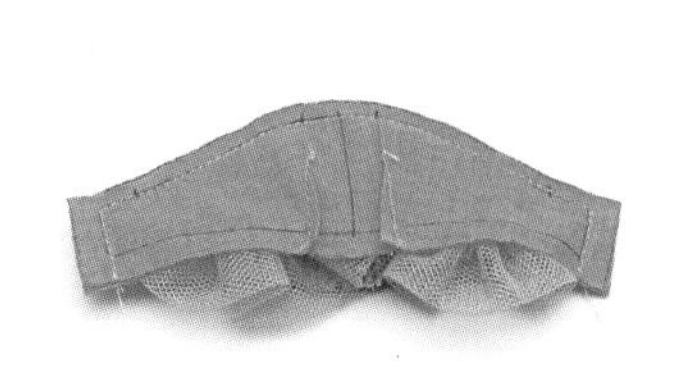

09 將裡布正面朝下，並且疊放在步驟 8 的袖子上面，然後沿著上緣的完成線縫合。（依照表布正面－肩膀荷葉邊－裡布內面的順序層疊之後再縫合）

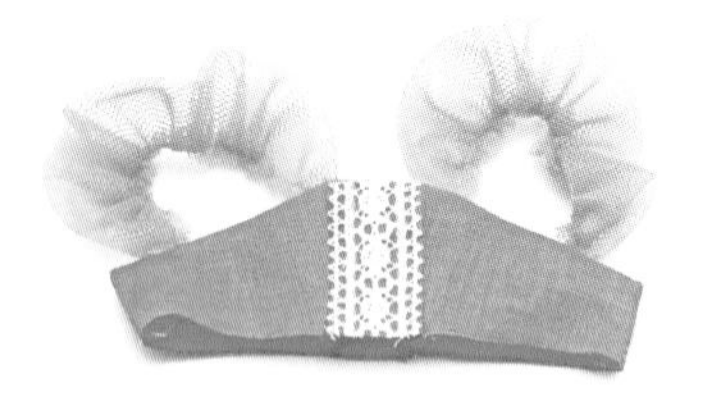

10 翻面且整理好的樣子。

11 將紙型放到裙子布料的背面上描繪並剪裁。只有上緣和側邊留 5mm 縫份，並仔細地在沒有縫份的裙襬塗上防綻液。

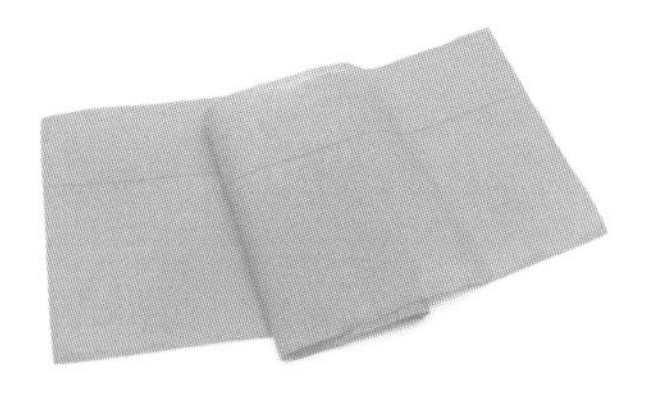

12 從裙子的正面在距離上緣 3.5cm 的位置畫一條橫線。

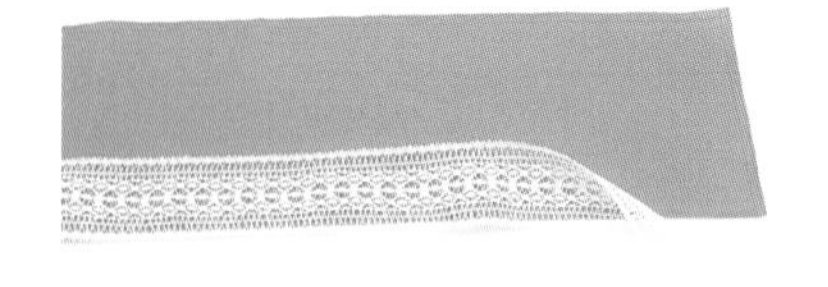

13 將寬幅蕾絲以回針縫縫合在裙子正面的裙襬。

Tip 由於裙襬沒有縫份，因此必須仔細地塗上防綻液。

14 依照紙型剪裁網紗布料，然後對半摺。這時候摺起來的那邊是上緣。

15 在網紗上緣往下 1cm 的位置縫上平針縫線，然後拉扯縫線，製造出皺褶。

16 將上緣縮減成跟裙子布料的上緣一樣長並調整皺褶的形狀。

17 將作出皺褶的網紗對齊步驟 12 中畫上的橫線，並用珠針固定。

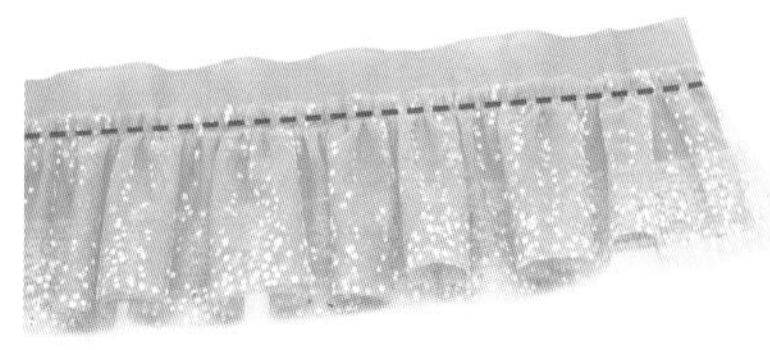

18 沿著完成線縫合。

19 在裙子上緣的縫份縫上平針縫線，然後拉扯縫線，製造出皺褶。

20 將上衣和裙子正面對正面貼合，並沿著完成線縫合，使上衣和裙子結合在一起。

21 將上衣裡布的下襬縫份往內摺，以斜針縫或藏針縫縫合，使連身洋裝的腰圍線不會顯露出來。

22 將裙子正面對正面貼合並對齊後中心線，然後從裙襬往上縫合 6～7cm 左右。

Tip 這時候請注意不要夾到外層的網紗。

23 翻面並稍作整理，為了將肩膀的荷葉邊定型，可在荷葉邊和上衣連結的區域縫一針，或者是和珠珠一起縫合。

24 依照喜好用珠珠和緞帶裝飾，這樣就完成了。

灰姑娘女僕裝套組

這是以灰姑娘的女僕裝為靈感而設計出來的長袖連身洋裝。
縫上蕾絲來代替圍裙，不僅簡潔俐落，還能呈現出不一樣的感覺。
利用蕾絲製作的頭巾也是可以和各種服裝做搭配的必備單品喔！

•組成•

連身洋裝、頭巾

step1. 灰姑娘女僕裝

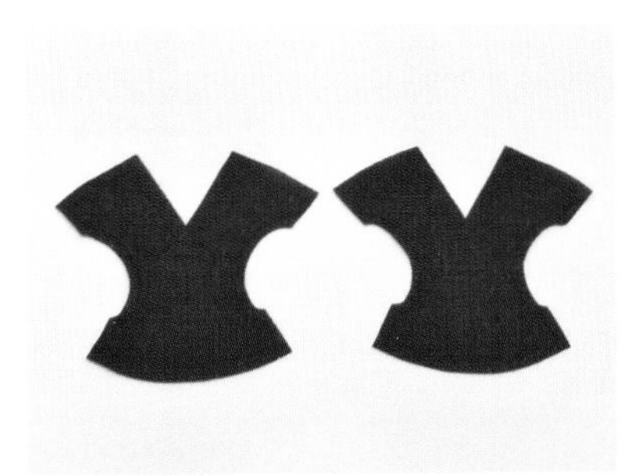

01 將紙型描繪到布料上，然後依照紙型的標示加上縫份。（頸圍的縫份等縫合之後再剪會比較方便，因此請先剪成像照片中那樣）

02 依照紙型畫出一片蓬蓬袖，然後將紙型翻面，再畫出另外一片蓬蓬袖，加上縫份之後進行剪裁。別忘了袖口裁片也要剪好備用。

03 裙子和圍裙要用的蕾絲也依照紙型剪好備用。

Tip 將所有剪好的布料的縫份塗上防綻液。

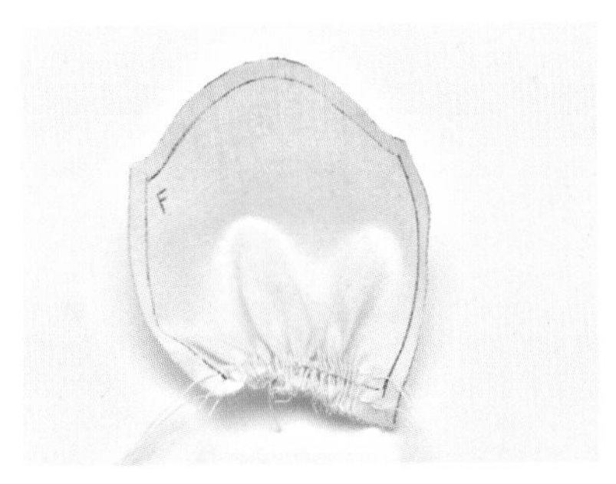

04 在蓬蓬袖的袖口完成線上下各縫一條平針縫線，然後拉扯縫線，製造出皺褶。

Tip 這時候製造出皺褶的袖口寬是 3cm。（不含縫份）

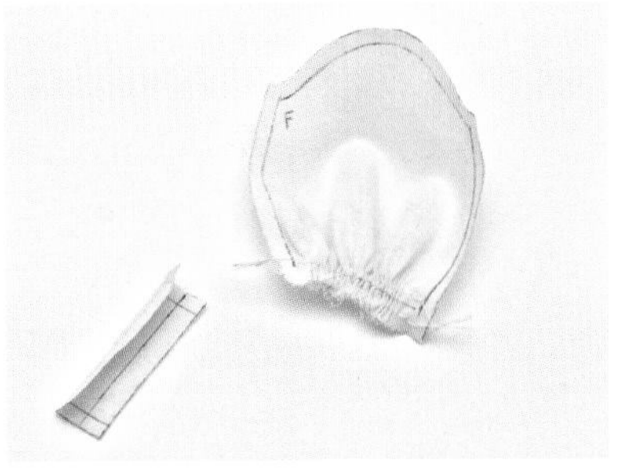

05 袖口裁片依照標示的線對半摺。

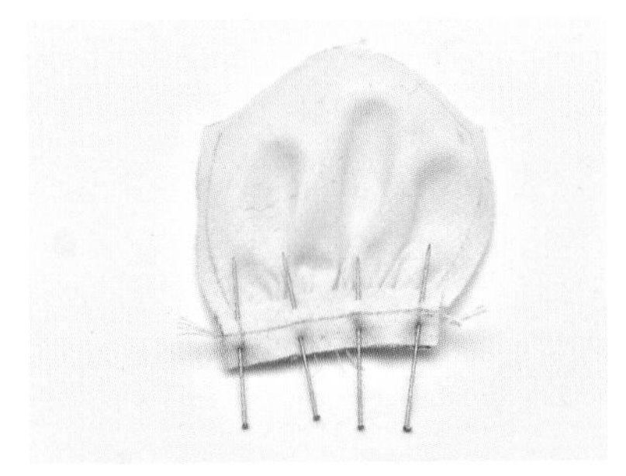

06 將袖口和袖口裁片正面對正面貼合，用珠針固定之後，沿著完成線縫合。

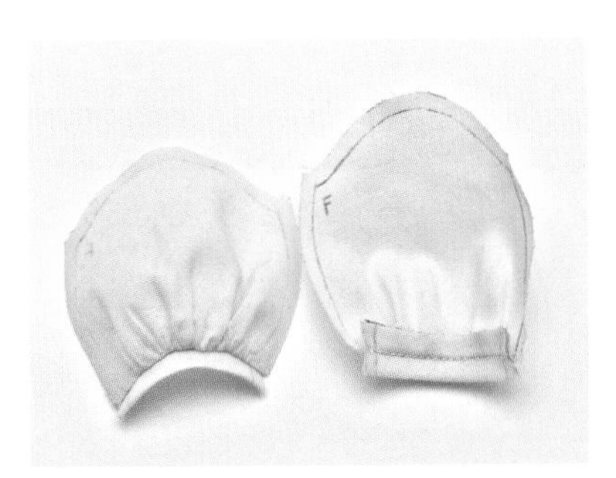

07 另一邊袖子也用相同的方法縫製備用。

08 在上衣裡布的袖襱縫份剪牙口。

09 將裡布袖襱的縫份往內摺並縫合。

10將上衣表布和裡布的尖褶縫好。

Tip 將尖褶尖端區域的線打一個結，以免尖褶裂開。

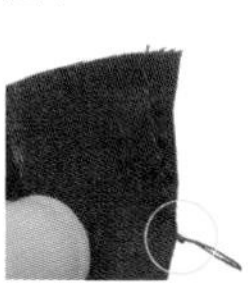

11將上衣表布袖攏和袖山正面對正面貼合，用珠針固定之後，沿著完成線縫合。

Tip 注意要拉著袖山，以免出現皺褶。

12將上衣表布和裡布正面對正面貼合，並像照片那樣，縫合頸圍區域。

13修剪縫合區域的縫份，直線區域留3mm，曲線區域留 2mm。在頸圍曲線區域的縫份剪牙口，直角區域的縫份以斜線剪掉。

14將袖子和上衣的表布側縫都正面對正面貼合並縫合，裡布側縫也正面對正面貼合並縫合。

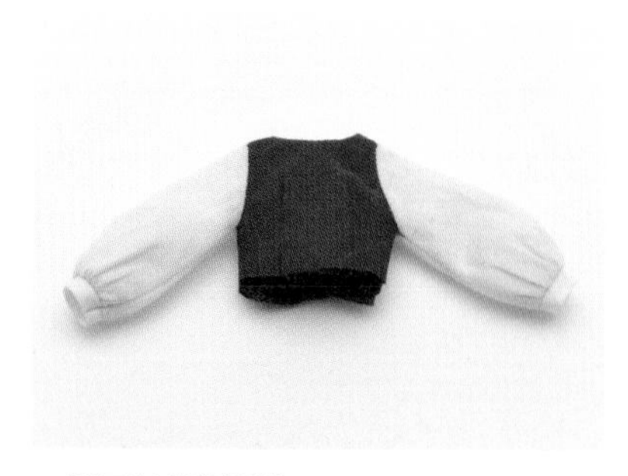

15翻面並確認形狀。

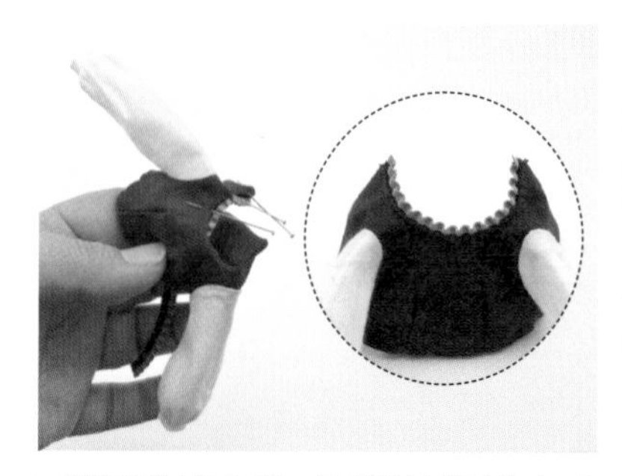

16確認蕾絲的位置，使蕾絲適當地往上露出來，從內面貼合一圈之後，用珠針固定並縫壓線。

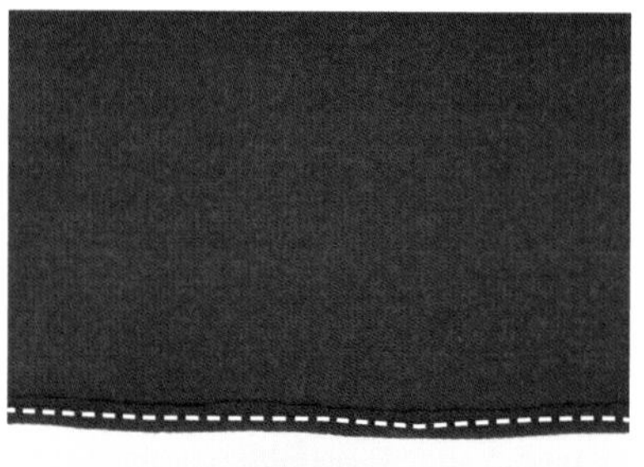

17將裙襬縫份往內摺並縫合。

18將蕾絲貼合在裙襬（正面）並縫合，使其固定。

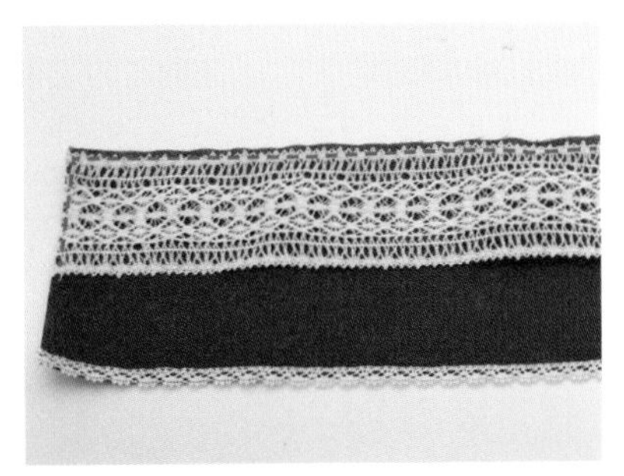
19將寬幅蕾絲放到裙子上緣，用珠針固定之後，縫合兩側和上緣。

20為了製造皺褶，請在裙子上緣的縫份縫兩條平針縫線。

21將平針縫線往兩邊拉，製造出皺褶。

22將裙子兩側的縫份並用珠針固定。

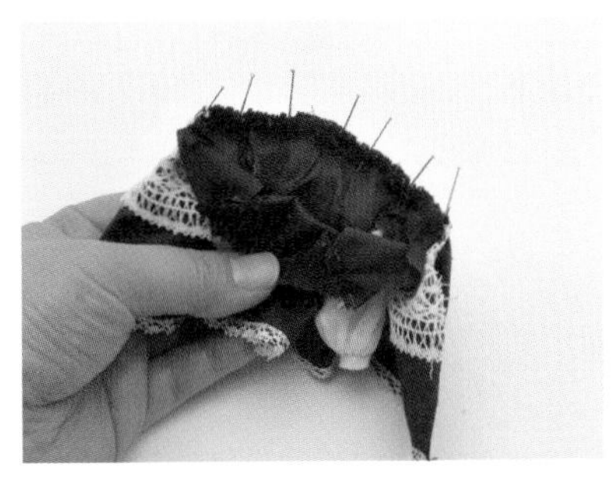
23將上衣表布和裙子正面對正面貼合，用珠針固定之後，沿著完成線縫合。

24將上衣裡布縫份往內摺，以斜針縫或藏針縫縫合。

25將洋裝內面朝外摺疊並對齊後門襟線，用珠針固定之後，從裙襬往上縫合 3cm 左右。

26在上衣尖褶之間放上摺好縫份的蕾絲，以斜針縫或藏針縫固定。

27在上衣的前中心線縫上珠珠作為裝飾，並在後門襟縫上兩組暗釦。

step2. 灰姑娘女僕頭巾

01 將紙型放在縫紉專用的布襯上描繪。
Tip 比起一般的紙，使用縫紉專用的布襯，才能保護縫針。

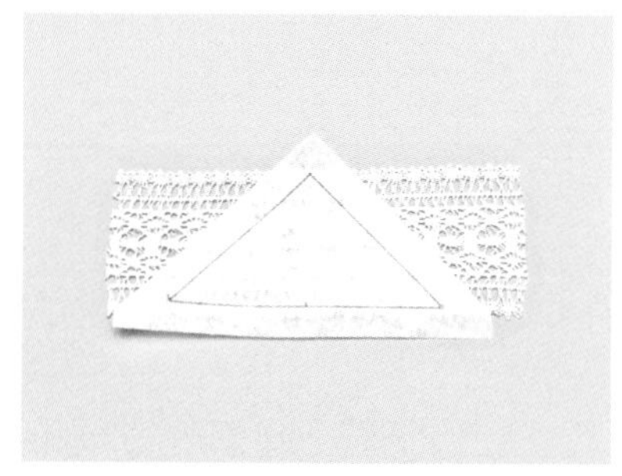

02 替布襯加上充足的縫份並進行剪裁，然後放到蕾絲上。這時候蕾絲必須比紙型稍微大一點。

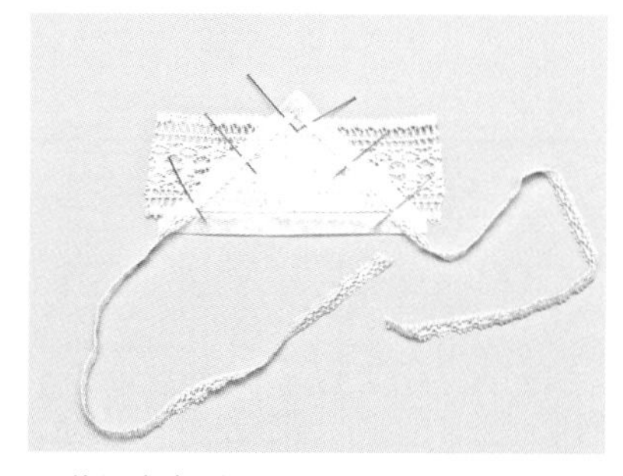

03 將用來當頭巾綁帶的蕾絲放在步驟 2 上面，像照片那樣擺放後，用珠針固定。（這時候用來當綁帶的蕾絲，要放在比頭巾完成線稍微往內一點的位置）

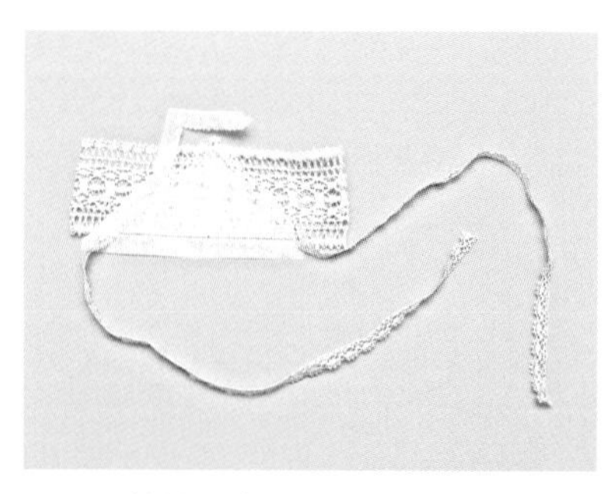

04 以回針縫縫合頭巾和用來當綁帶的蕾絲，然後拆除布襯。

05 翻面並將不需要的部分剪掉。這時候要注意不要剪到縫合線。仔細地在修剪過的蕾絲末端塗上防綻液。

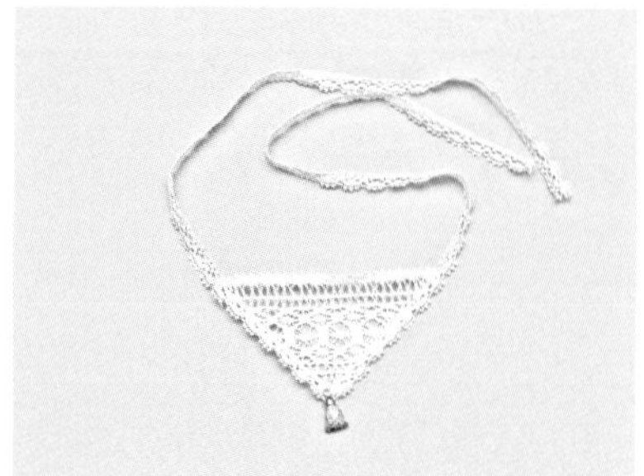

06 請在頭巾的頂點縫上吊飾作為裝飾。

桃樂絲服裝套組

說到桃樂絲，就會想到格紋吊帶洋裝和白色襯衫。
雖然是受到好萊塢電影的影響，但是我也想像不出穿著其他服裝的桃樂絲。
襯衫和吊帶洋裝都用蕾絲來做裝飾，而這個技巧在很多地方都很有用。

• 組成 •

襯衫、吊帶洋裝、內襯裙

step1. 桃樂絲襯衫

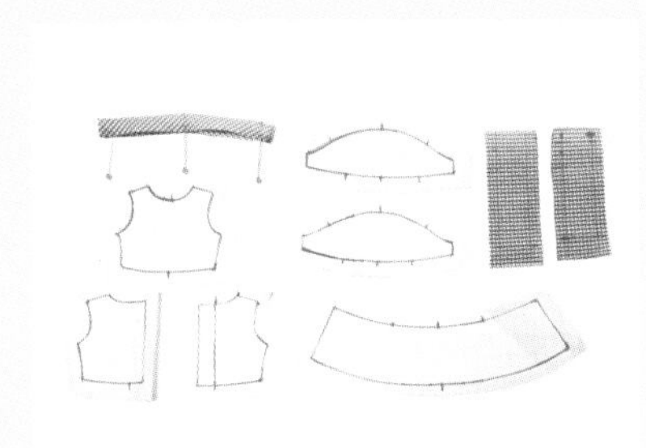

01 將襯衫紙型放到布料背面上描繪並剪裁。（請在縫份邊緣塗上防綻液）

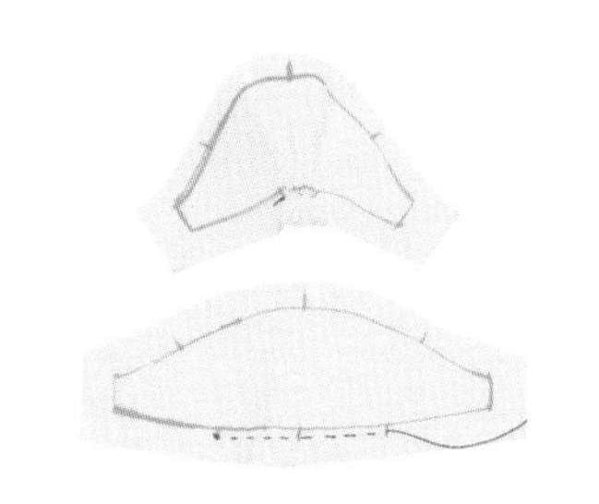

02 在袖口完成線下方的縫份縫上平針縫線，然後拉扯縫線，製造出皺褶。（製造皺褶之後的袖口長度是 4cm）

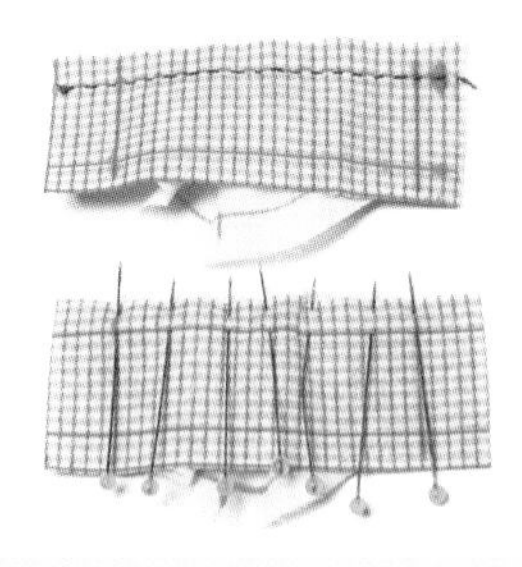

03 將袖子和袖口裁片正面對正面貼合，用珠針固定之後，沿著袖口裁片完成線縫合。

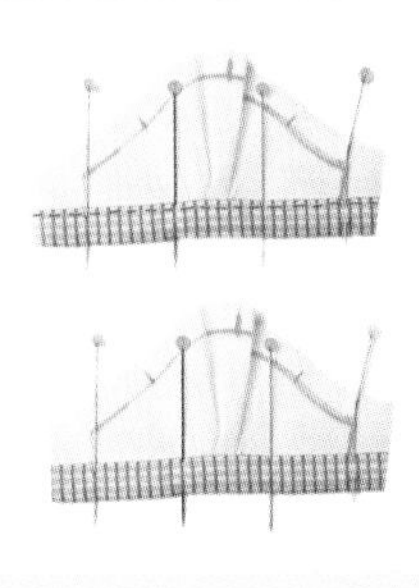

04 將袖口裁片對半摺，接著將縫份往內摺，用珠針固定之後，以平針縫縫壓線。

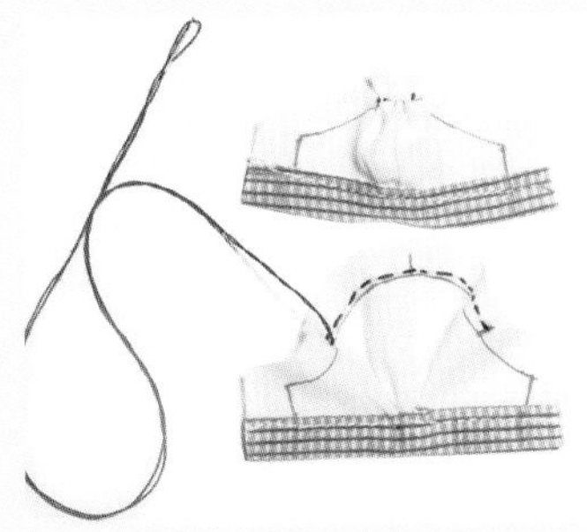

05 在兩隻袖子的袖山完成線往上大約 2mm 處縫上平針縫線，製造出皺褶。

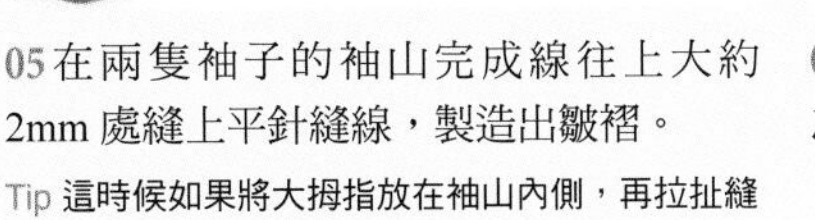

Tip 這時候如果將大拇指放在袖山內側，再拉扯縫線的話，會更容易製造出皺褶。

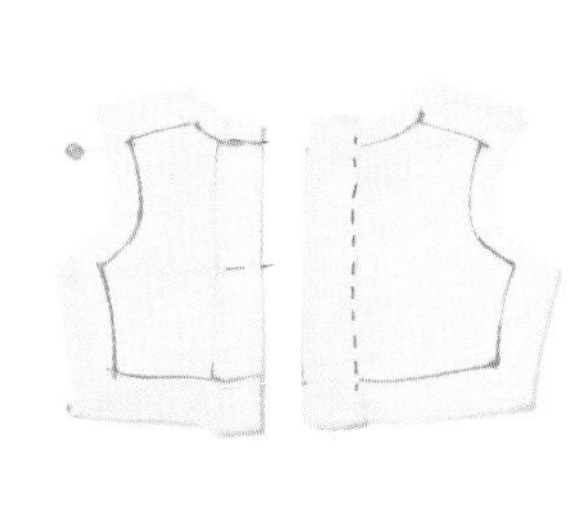

06 將襯衫後片的縫份往內摺，用珠針固定之後，在完成線內側 1～2mm 縫合。

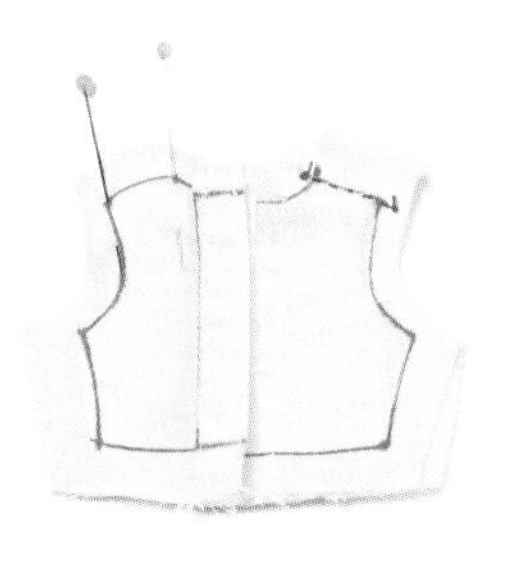

07 將前片和後片正面對正面貼合，用珠針固定肩線之後，沿著完成線縫合。

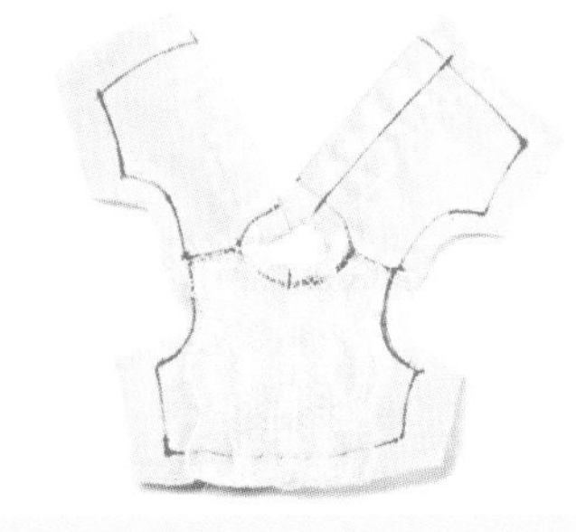

08 像照片那樣攤開之後，將肩線的縫份朝兩邊分開。

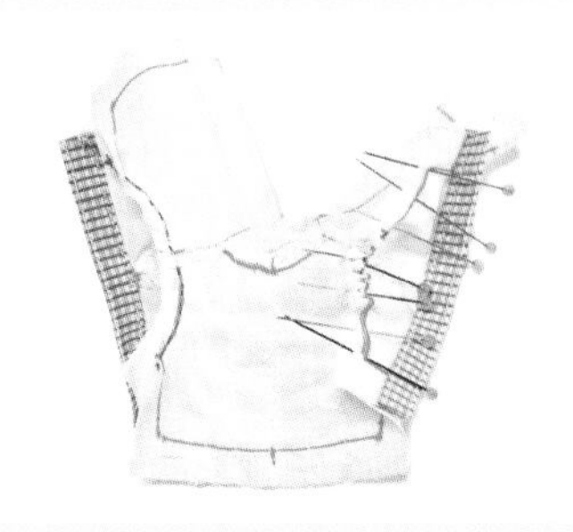

09 將上衣和袖子正面對正面貼合，用珠針固定袖子和襯衫的袖襱之後，沿著完成線縫合。另一邊袖子也用相同的方法結合。

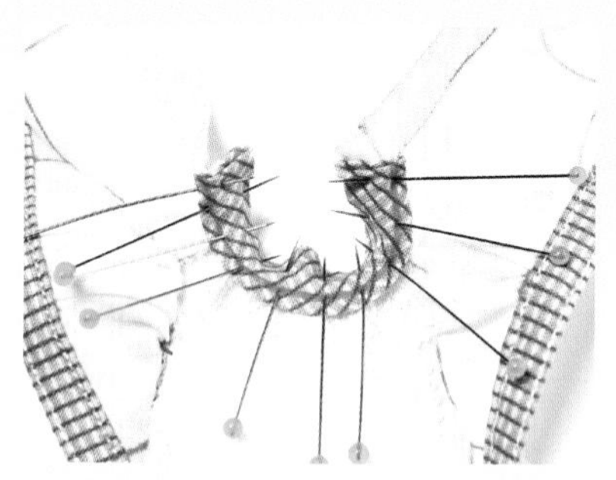

10 領子依照紙型剪好之後，對半摺備用。將上衣和領子正面對正面貼合，對齊頸圍並用珠針固定。

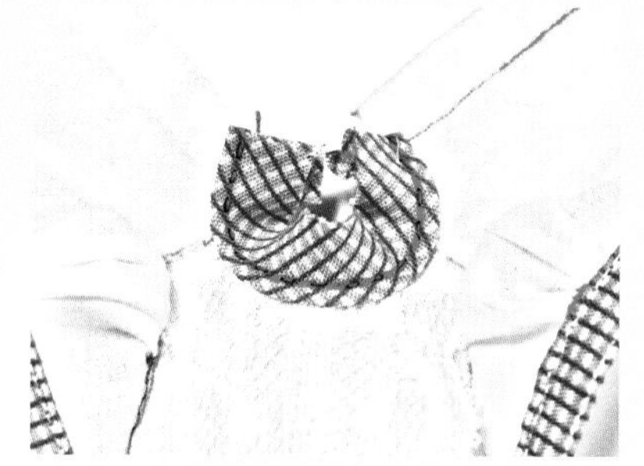

11 沿著上衣的頸圍縫合領子。

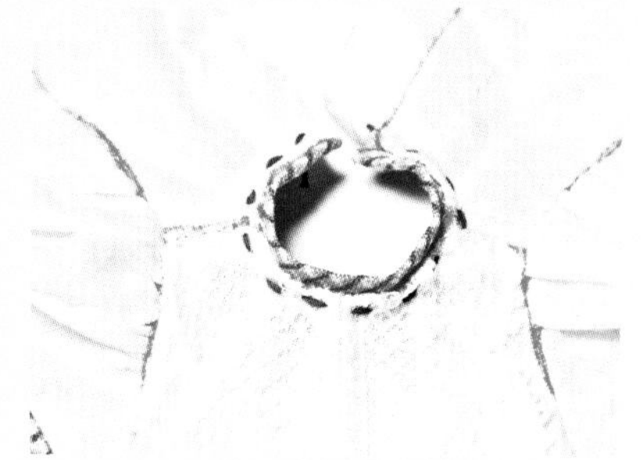

12 將領子的縫份往內摺，並從正面以平針縫縫壓線。（適當地修剪領子的縫份，並塗上防綻液）

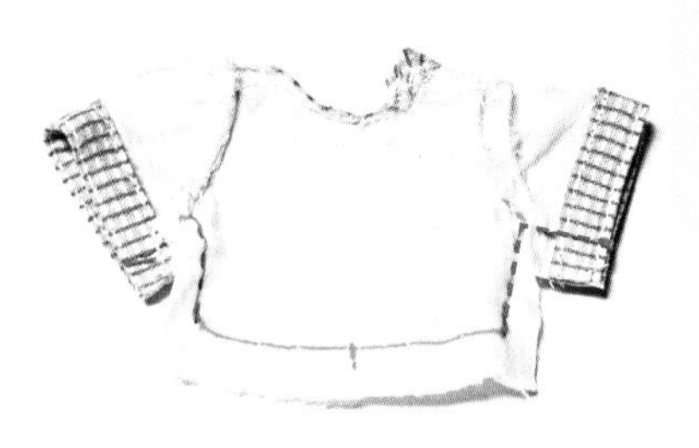

13 依照完成線縫合袖子下緣線以及上衣側縫。

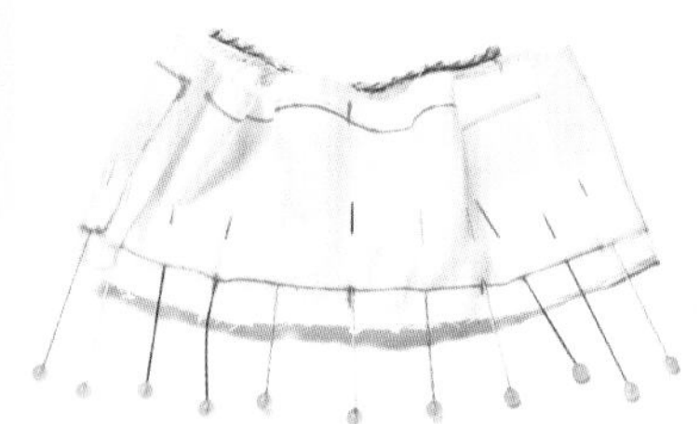

14 將襯衫下襬裁片和襯衫正面對正面貼合，用珠針固定之後，沿著完成線縫合。

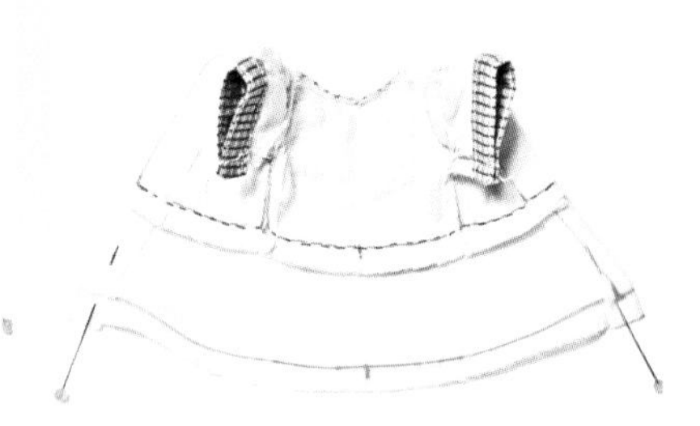

15 將襯衫下襬裁片攤開後，並將縫份往下摺。

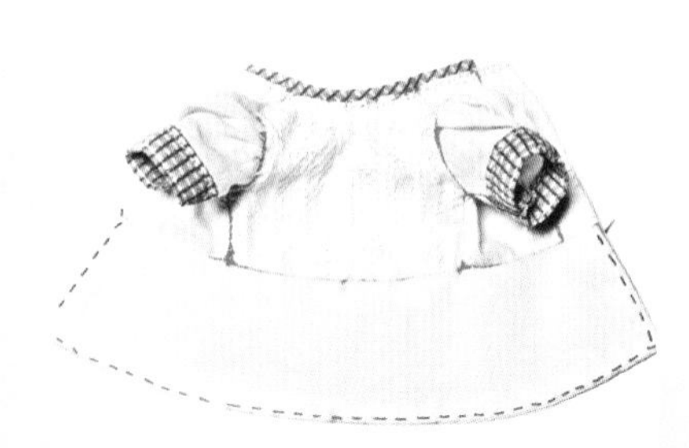

16 將襯衫下襬裁片縫份往內摺並燙平，然後從正面沿著完成線內側 1mm 左右的位置縫合。

17 在後門襟縫上兩組暗釦作為結尾，這樣就完成了。

step2. 桃樂絲吊帶洋裝

01 將裙子 1、裙子 2 紙型放到布料背面上描繪並剪好備用。

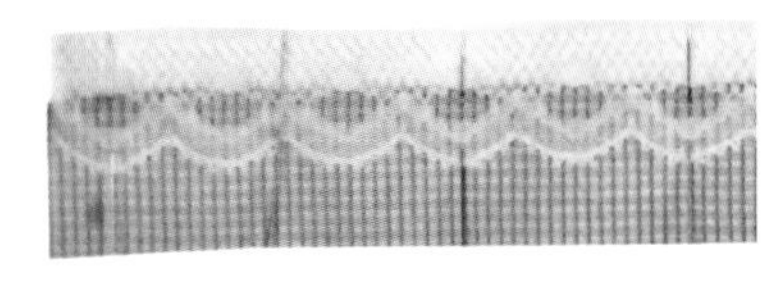

02 將裙子 2 上緣的縫份往內摺，然後像照片那樣，將蕾絲放在布料正面並用珠針固定。

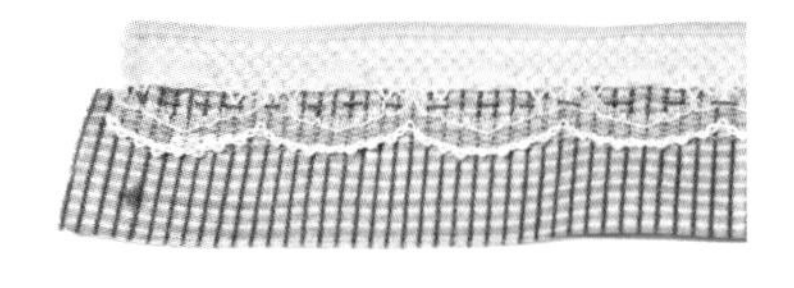

03 將蕾絲和裙子 2 縫合。（這裡是為了讓讀者看到縫線，所以才使用紅色縫線）

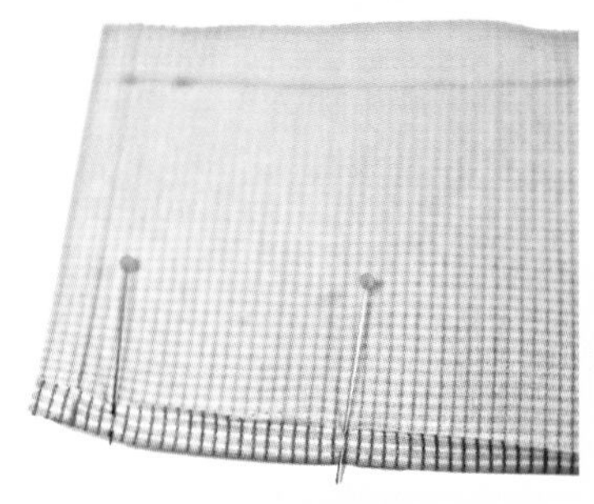

04 將裙子 1 的裙襬縫份（3mm）往內摺並用珠針固定。

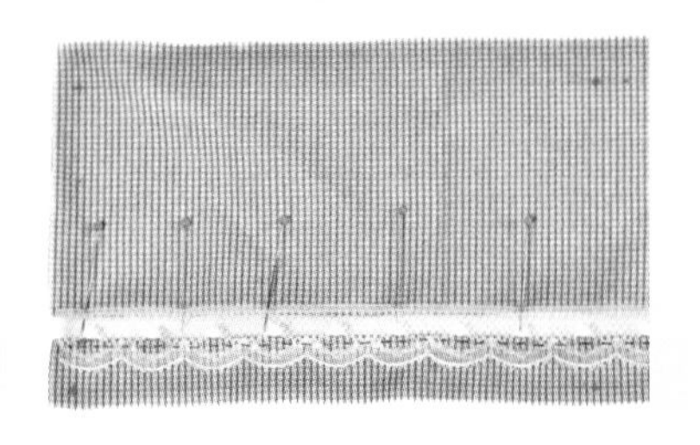

05 像照片那樣，將步驟 3 的上緣和步驟 4 的下襬用珠針固定好。

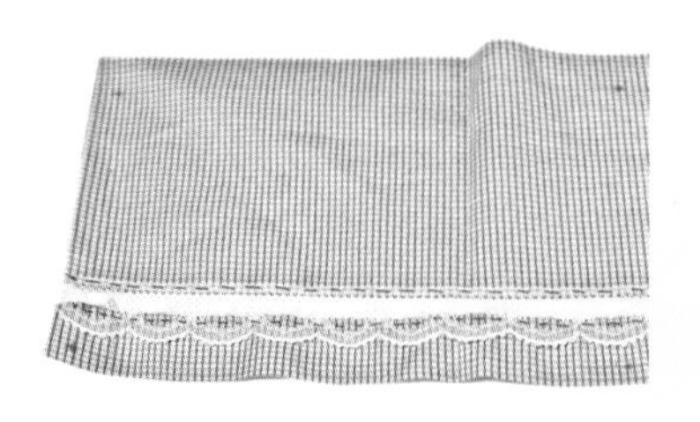

06 從正面將蕾絲的上緣和裙子 2 的裙襬以平針縫縫合。

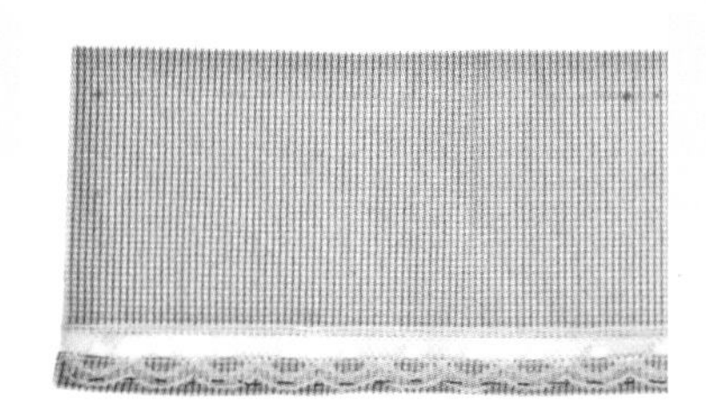

07 將縫合好的裙子布料的裙襬（裙子 2）縫份往內摺，然後和蕾絲一起縫合。

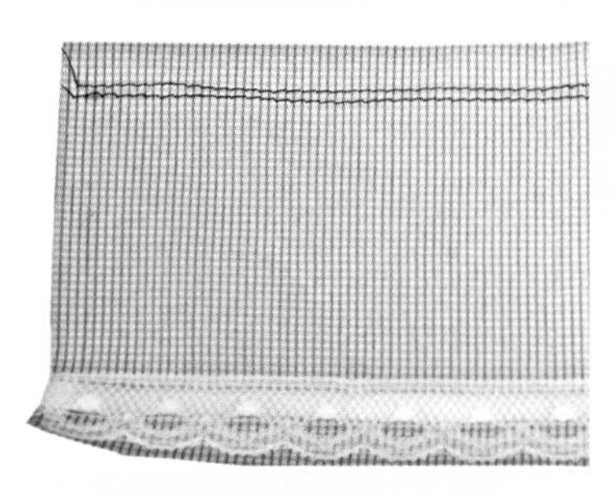

08 在裙子上緣的縫份縫兩條平針縫線，製造裙子的皺褶。（縫在完成線往上 1mm 處，且兩線距離是 3mm）

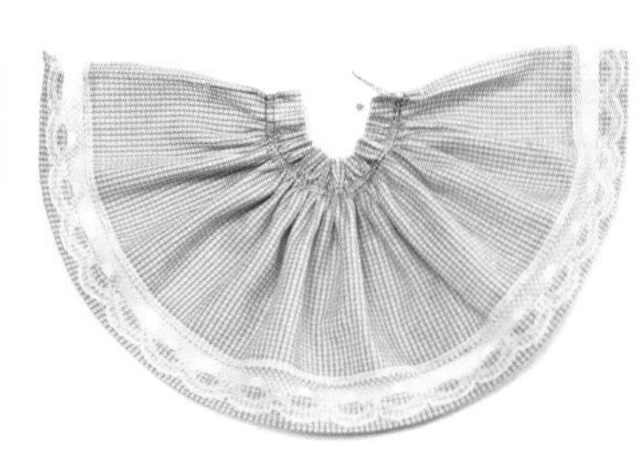

09 將平針縫線往兩邊拉，製造出皺褶。（製造皺褶之後的裙子腰圍是 9.4cm）

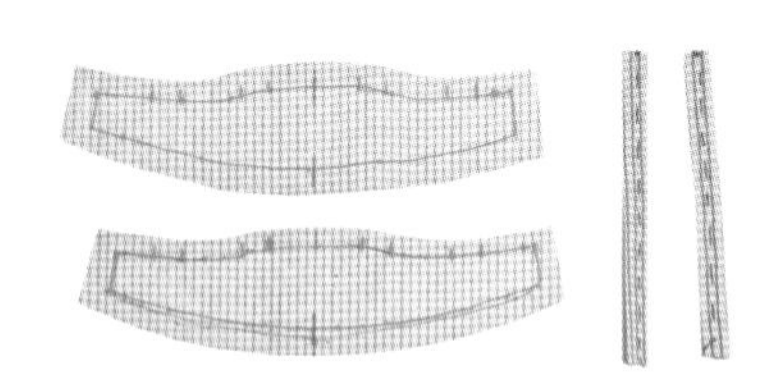

10 依照紙型畫出一片腰帶，然後將紙型翻面，再畫出另外一片腰帶，將兩片腰帶準備好（一片是表布，一片是裡布）。依照紙型將肩帶剪好後，參考旁邊的提示縫製。

• TIP •

製作肩帶

肩帶兩端縫份是 7mm，先將區塊 1 往內摺（4mm），再將區塊 2 往內摺（3mm），然後縫合重疊的部分。（中間的虛線）

剪裁尺寸 12mm×61mm（包含縫份）
完成尺寸 橫向 5mm 直向 47mm

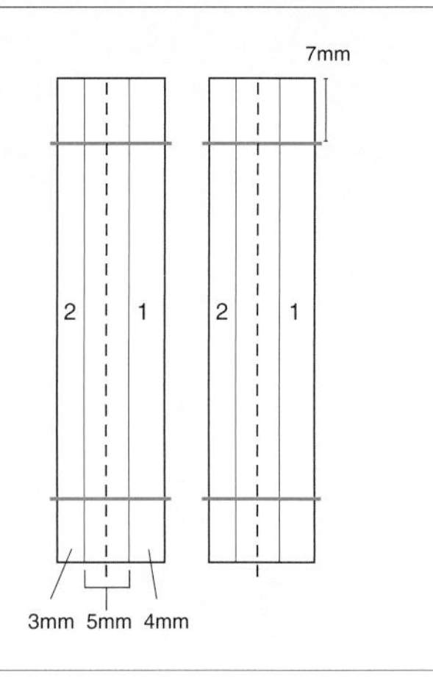

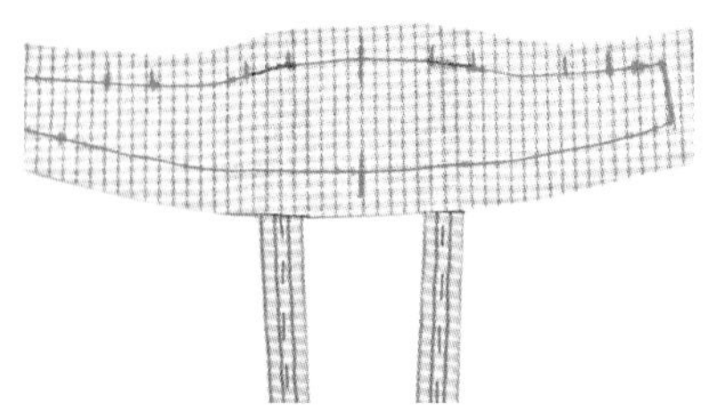

11 將腰帶表布的內面朝上並疊放在肩帶上，對齊紙本標示的位置之後，以回針縫固定。

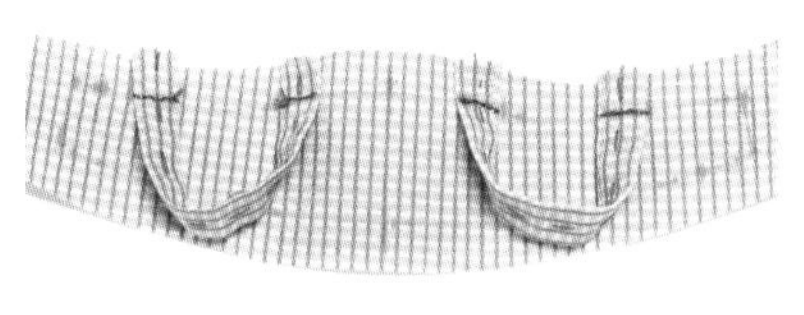

12 這是兩邊都縫上肩帶後，腰帶正面的樣子。

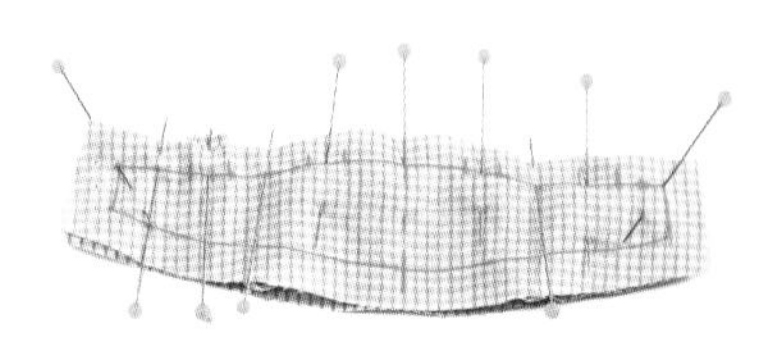

13 將腰帶裡布的內面朝上，並疊放在步驟 12 上，然後用珠針固定。（表布和裡布正面對正面貼合，且表布和裡布之間夾有肩帶）

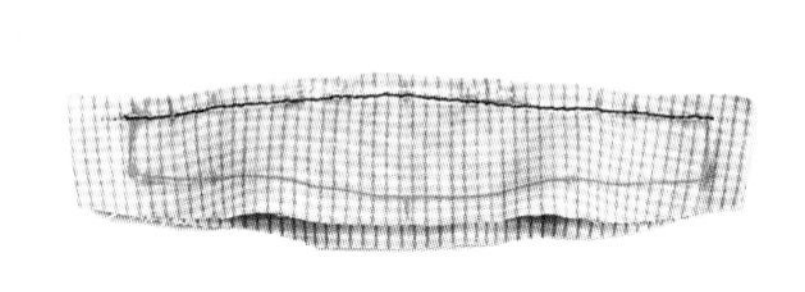

14 沿著上邊完成線，以回針縫密實地縫合。

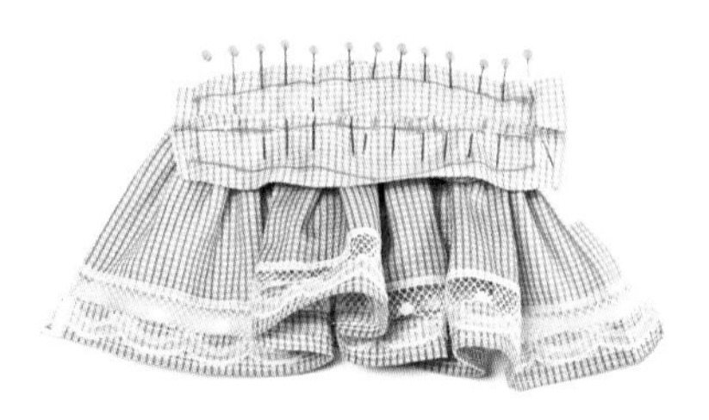

15 將步驟 14 攤開，然後將裙子和腰帶正面對正面貼合，用珠針固定之後，像照片那樣，沿著完成線縫合。

16 從正面確認形狀。

17 將腰帶裡布的縫份往內摺並固定在裙子上，然後從正面以平針縫縫壓線。

18 將洋裝內面朝外對半摺，並對齊後中心線，然後以平針縫或回針縫從裙襬往上縫到紙型標示的位置。

19 在腰帶上縫上一組暗釦作為結尾。

•製作步驟•

step3. 桃樂絲網紗內襯裙

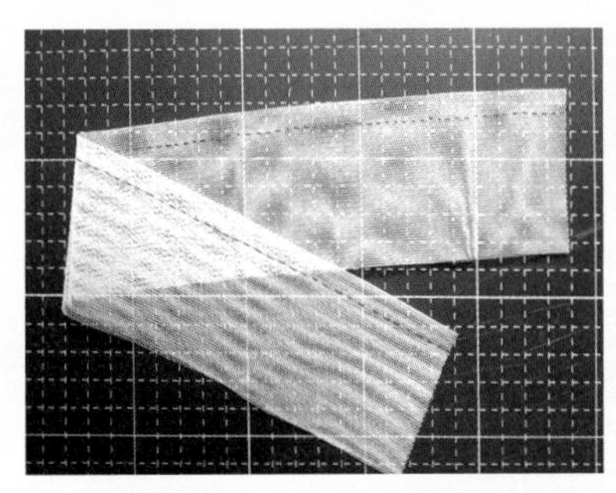

01 準備好尺寸為 40×12cm 的網紗布料後，將其對半摺，接著像照片那樣，在摺起來的地方往下 1cm 處進行縫合。

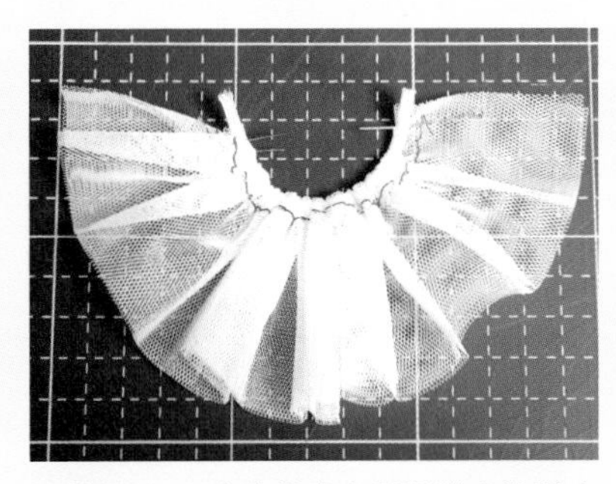

02 將長 7cm 左右的白色鬆緊帶穿進縫合後的通道，並製造出皺褶。將鬆緊帶的其中一端固定在起始處，會比較方便穿入。

03 鬆緊帶穿好之後，將兩側的縫份互相貼合，用珠針固定邊緣往內約 0.7cm 的地方，縫合之後翻面，這樣就完成了。

水手服套組

水手服是不管是誰都會想要穿一次看看的服裝。
尤其是少女只要穿上水手服樣式的校服就會很可愛。
水手服也能用各式各樣的設計來展現。
這裡是用無袖洋裝和夾克來組成。

組成

無袖百褶裙洋裝、水手服夾克

step1. 無袖百褶裙洋裝

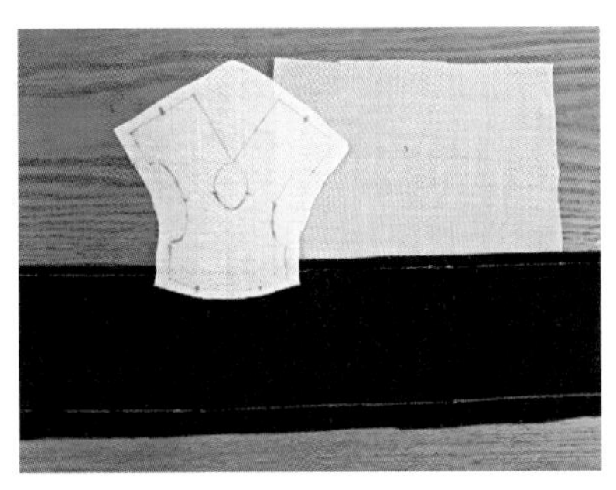

01 參考紙型後，在布料背面畫上 33×7cm 的長方形，並且在上緣往內 0.5cm、兩側往內 0.7cm、下緣往內 1.2cm 處畫出縫份。

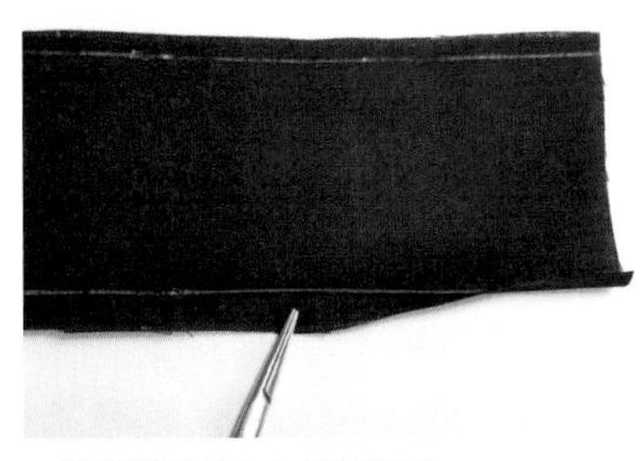

02 將裙襬縫份往內摺並燙平。

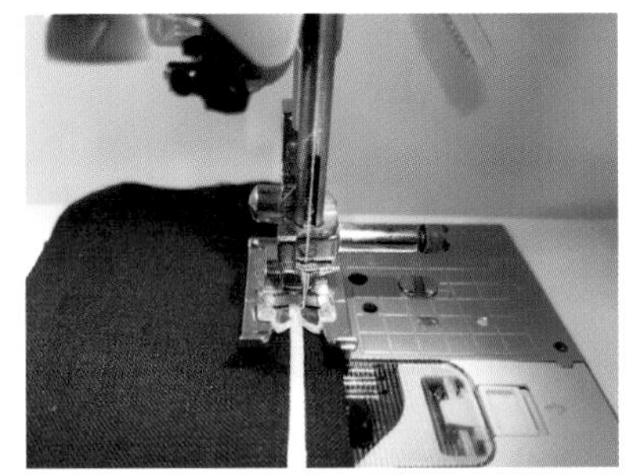

03 在裙子正面放上裝飾帶，固定後和縫份一起以 Z 字形回針縫縫合。

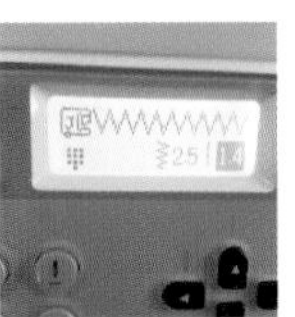

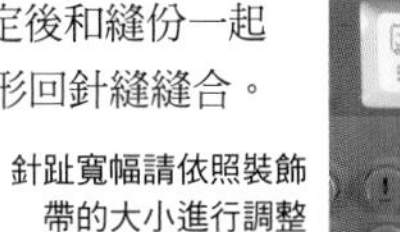

針趾寬幅請依照裝飾帶的大小進行調整

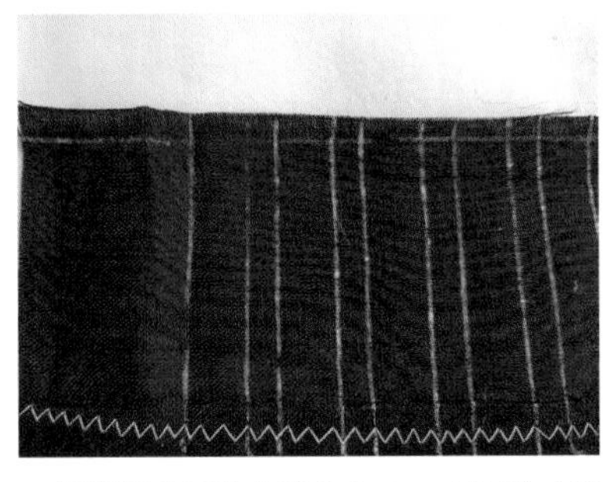

04 從裙子內面的左邊往右 3cm 處（包含縫份－縫份是 0.7cm）開始，像照片那樣，以 1cm、0.5cm 為間距，反覆畫上直線。（右邊也留下包含縫份的 3cm）

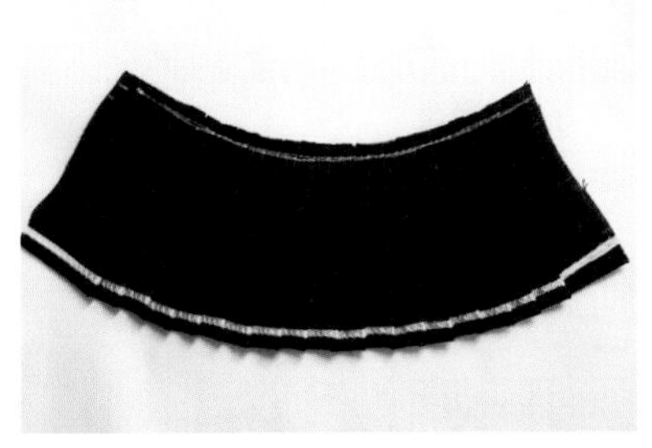

05 依照間隔摺疊，製作出褶襉之後進行整燙。沿著上緣畫的線縫合，固定裙子的褶襉。

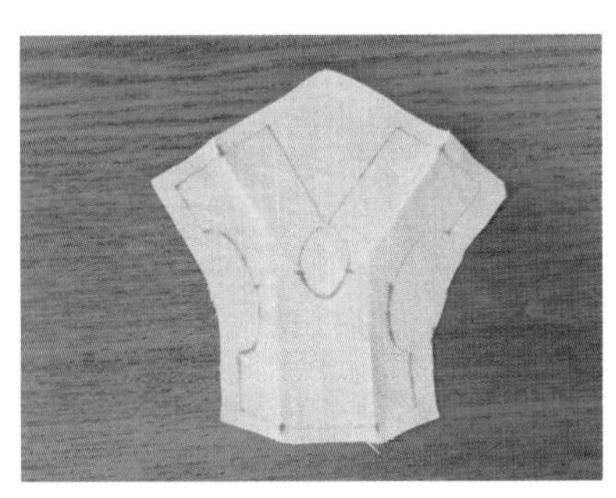

06 將上衣表布的尖褶線摺好，並縫成寬約 0.2cm、長約 1cm 左右。

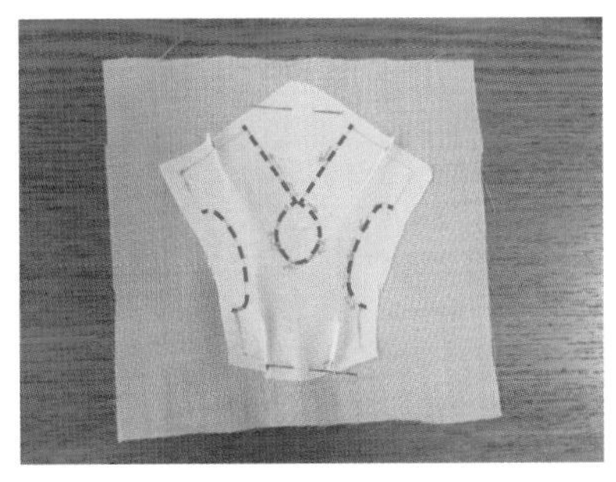

07 將步驟 6 放到裡布上，然後依照照片中的標示縫合。

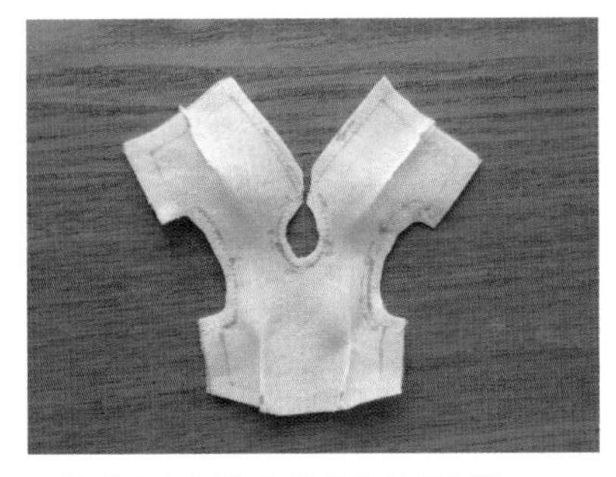

08 將表布和裡布的縫份修剪成只留 0.5cm，並在曲線區域剪牙口，然後翻面。

Tip 這時候利用反裡鉗就會很方便。

09 將上衣側縫縫合之後，翻面並燙平。

Tip 最好是常常利用熨燙來調整形狀。

10將上衣和裙子正面對正面貼合，並沿著腰圍完成線縫合。

11將裙子兩側的縫份用熱熔膠帶固定。將熱熔膠帶貼在縫份要摺疊的地方，摺上縫份之後進行熨燙。（也可以用回針縫固定）

12將洋裝內面朝外對半摺，然後從裙襬往上縫到紙型標示的位置，並且在後門襟縫上兩組暗釦。

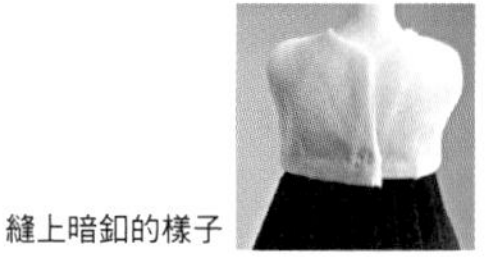

縫上暗釦的樣子

• 製作步驟 •

step2. 水手服夾克

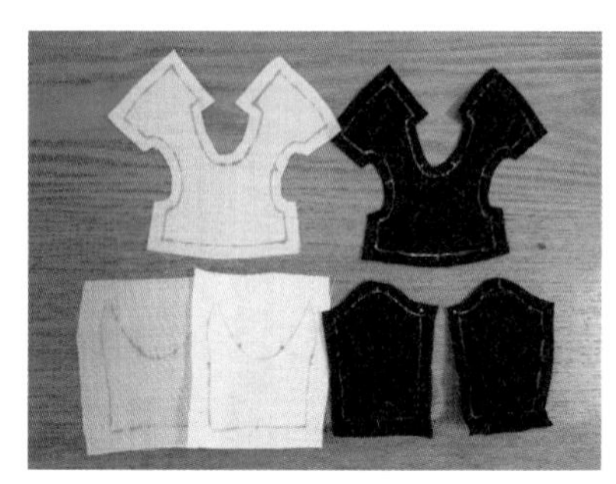

01將夾克的裡布和表布紙型放在布料背面描繪，然後進行剪裁。

02將水手領剪好，用金線在表布上刺繡。（也可以省略刺繡的部分，縫上裝飾帶裝飾也很不錯）

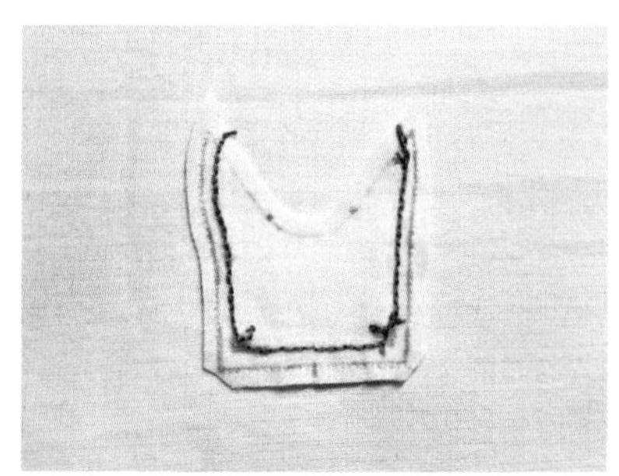

03將表布和裡布正面對正面貼合，除了後頸圍以外的地方皆沿著完成線縫合，接著將稜角的部分以斜線剪掉，然後翻面。

04 將步驟 3 的水手領放在上衣表布的正面並對齊頸圍的中心。

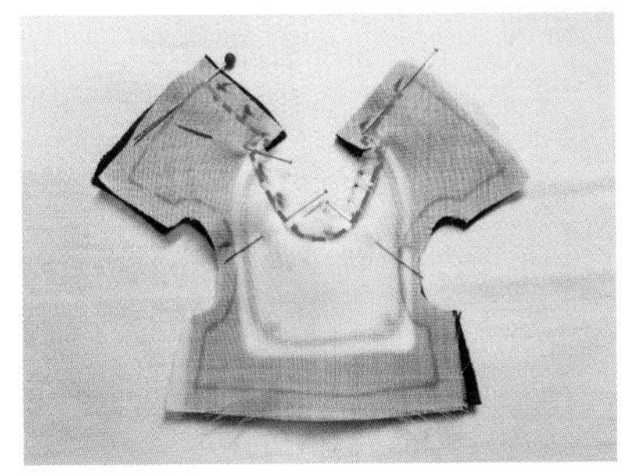

05 將裡布放在步驟 4 上，以頸圍為中心，用珠針固定之後，沿著完成線縫合。

06 在曲線區域剪牙口，然後翻面。

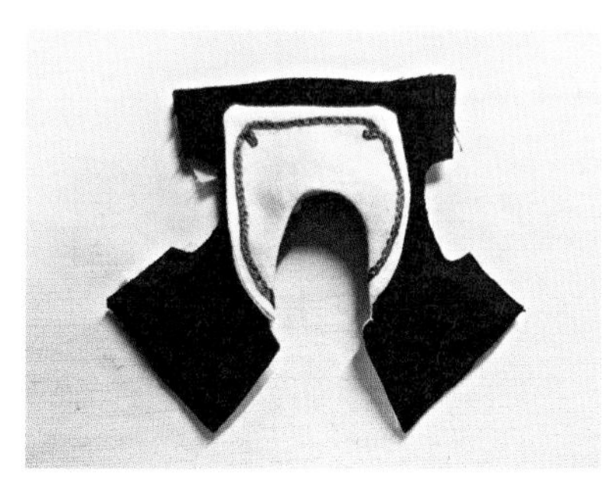

07 確認翻面之後的樣子。

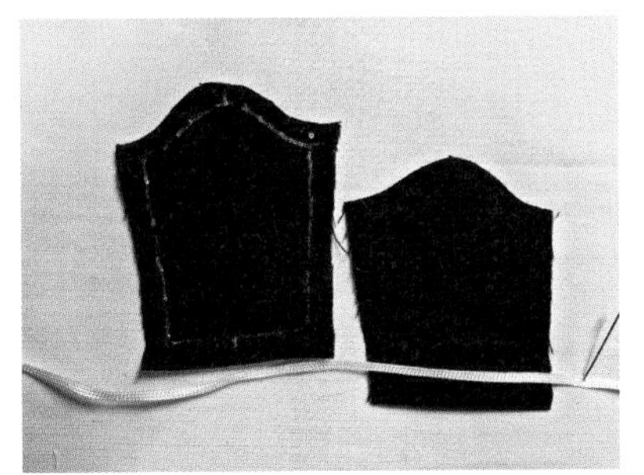

08 將袖子的縫份往內摺，用珠針將兩條裝飾帶固定在袖子正面，然後以 Z 字形回針縫將袖子縫份和裝飾帶同時縫合。

09 為了袖山縫份製造皺褶，要縫上一條平針縫線並拉扯縫線，製造出鼓鼓的袖山。（如果是手縫的話，縫上平針縫線之後，請拉扯縫線，製造出皺褶）

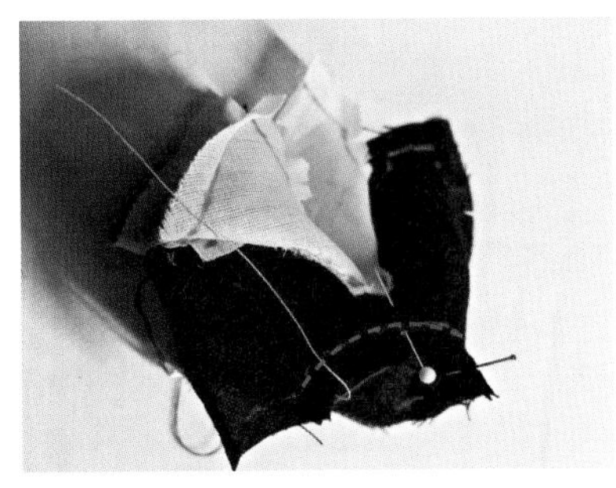

10 將袖襱和袖山對齊，用珠針固定之後，以回針縫縫合。

11 兩邊袖子都完成縫合的樣子。

12 將裡布袖襱的縫份往內摺並以藏針縫縫合。

13 從內面以袖子為中心對半摺，縫合側縫及袖子下緣線。

14 在側縫和袖子下緣線的交會處剪牙口。

15 將裡布的側縫以回針縫或以密集的平針縫縫合。

16 將夾克表布和裡布的下襬縫份往內摺，用珠針固定之後，以藏針縫縫合。

Tip 這時候必須將好幾層疊在一起的縫份剪掉，厚度才不會太厚。

17 確認鈕釦的位置之後縫上珠珠鈕釦，並製作扣住珠珠的線環。（這裡使用的是 3mm 的珠珠。線環請依照珠珠的尺寸來調整長度）

18 也可以用緞帶蝴蝶結或領巾做裝飾。

製作熊熊玩偶

作者：微笑路易

部落格：bart0408.blog.me

Amy 的美髮沙龍

作者：Amy

部落格：beaurain.blog.me

instagram：@amys_magic_factory

Chapter 4

for
My Doll

娃娃永遠的好朋友
製作熊熊玩偶

從植髮到燙捲、美髮造型！
Amy 的美髮沙龍

娃娃永遠的好朋友
製作熊熊玩偶

拍攝娃娃寫真時，最適合的小道具之一就是熊熊玩偶，利用毛根來製作看看吧！
只要利用毛根，任何人都可以輕易地做出小巧可愛的熊熊玩偶。
請試著親手製作熊熊玩偶，並送給自己珍愛的娃娃吧！

• 必備材料 •

剪夾兩用鉗
手工藝專用剪刀
手工藝專用棉花
尺
毛根 1 公尺
手工藝專用紙板
用來當眼睛、鼻子的鈕釦

毛根熊熊玩偶

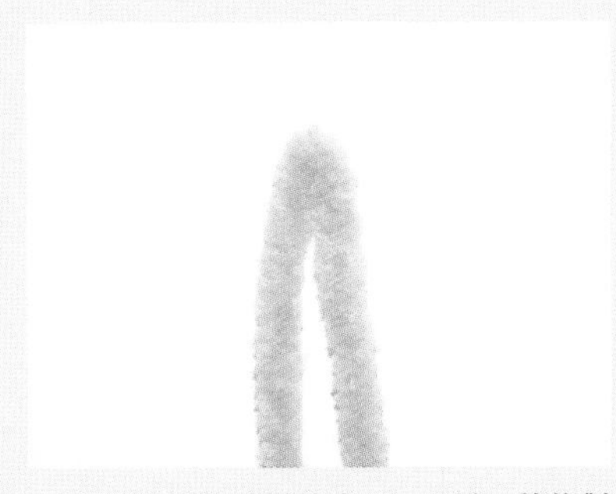

01將 1 公尺的毛根剪成 45cm 長，然後對半摺。

02將對半摺的那一端彎曲 1.5cm 左右，然後摺到底。（摺疊的部分將成為毛根熊熊的耳朵）

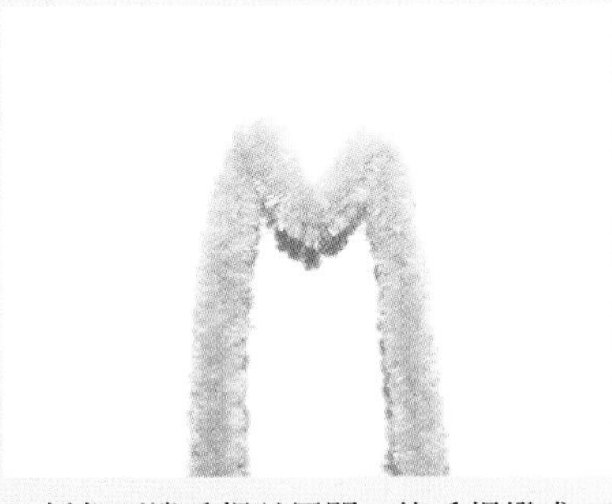

03抓住兩邊毛根並展開，使毛根變成 M 字形。

04將兩邊毛根交叉擺放，使上面形成一個心形。兩邊交叉時，右邊的毛根要在上面。

05交叉後的 1 號毛根要往前摺 90 度，和心形呈直角。

06將錐子穿入心形內，然後用 1 號毛根在錐子上纏繞兩圈。纏繞的部分將成為鼻子。

07將成為鼻子形狀的 1 號毛根從右耳後方繞過頭頂中間，再來到臉的正面，然後往臉的左邊擺放。

08將 2 號毛根往後摺，繞過頭頂中間，再來到臉的正面，然後往臉的右邊擺放（和步驟 7 相反）。從正面看的時候，經過臉上的毛根看起來很像漢字的八。

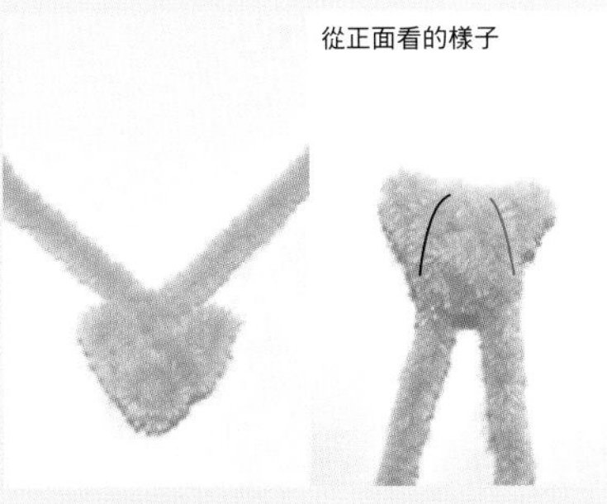

09將兩邊毛根往後彎，並在頭頂中間交叉成 X 字形，然後往兩邊臉頰擺放，形成八字形。（彎到左耳後方的毛根經過頭頂後，要往右臉頰擺放；彎到右耳後方的毛根經過頭頂後，要往左臉頰擺放）

10將毛根往後移，並在脖子的位置扭轉一次。照片是從後面看的樣子。

11頭部完成的樣子。請確認形狀。

12參考步驟 1，將剩下的 55cm 毛根對半摺，接著彎曲 2.5cm 左右，然後摺到底。（摺疊的部分將成為毛根熊熊的腳）重複步驟 2～3，使毛根變成 M 字形。

13製作成心形，並將底部扭轉 2～3 次，這個部分的長度要有 1.5cm 左右。（扭轉的部分將成為身體的支架）

14將心形倒過來放，使其成為腳的部分，然後將毛根往兩邊展開。

15在距離身體支架約 2.2cm 處彎摺，使毛根形成交叉的狀態，製作出手臂的部分。

16將完成的頭部插入交叉的手臂之間。（從這裡開始，為了方便區分，身體使用了其他顏色的毛根）

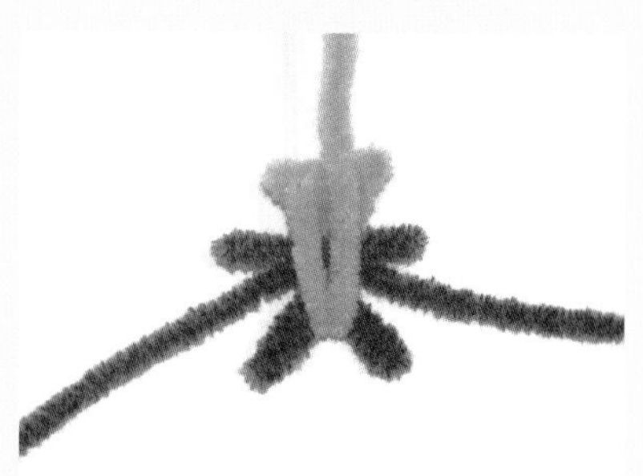

17將頭部的毛根通過兩腳之間，然後往上彎到頭部後方。

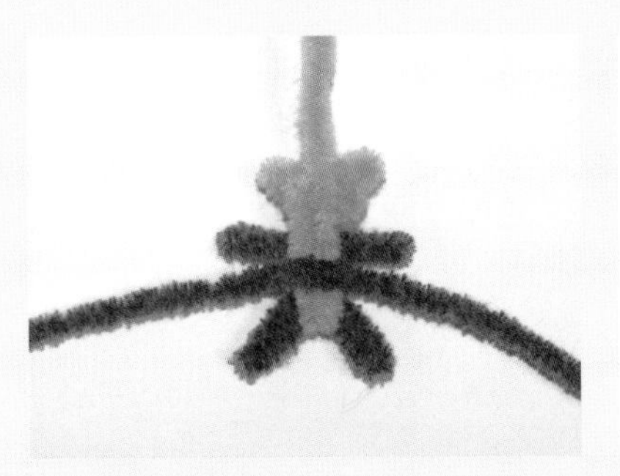

18將身體的毛根從腋下下方繞到背部，然後交叉成 X 字形。

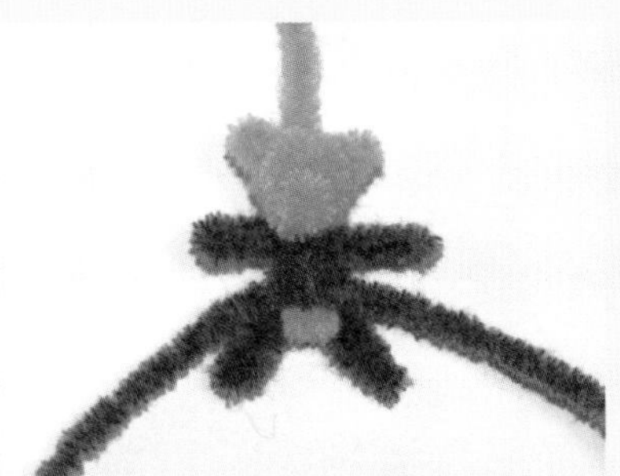

19將毛根再次從腋下下方繞到前面。

20將步驟 19 的毛根在身體前面交叉，並再次繞到後面，然後往下擺放在兩腳之間。用鉗子將頭部剩餘的毛根剪短。

21將兩腳之間的毛根往前面翻摺，並從兩邊肩膀繞到後面，然後在脖子後方交叉成 X 字形。

22將錐子穿入將身體包覆起來的毛根之間，製造出一點空間之後，將剩餘的毛根穿過去。

23用鉗子將剩餘的毛根剪掉，用指尖輕輕將被壓到的毛撥鬆，使整體的毛變得很茂盛。

24用手工藝專用剪刀將毛根的毛修剪 1～2mm 左右，使毛根熊熊整體變圓潤。

注意 如果把毛修剪得太短，有可能會露出鐵絲，請多加留意。

25利用錐子決定眼睛、鼻子的位置，然後黏上副材料。這時候眼睛、鼻子的位子是呈現底邊很寬的倒三角形的樣子。

注意 兩眼之間的距離不要太窄，或不要在距離鼻子太往上的位置。

26請將完成的毛根熊熊裝飾得更可愛吧！緞帶蝴蝶結是最簡單使用的副材料。

EXIT
TICKET
STOP

Amy 的美髮沙龍 1

娃娃也跟人一樣，不同的髮型會使形象變得大不相同。
這裡要介紹的髮型是薔薇少女小甜甜的雙馬尾水燙捲髮。
雙馬尾髮型是可以把娃娃裝飾得很可愛的最佳單品。我們開始吧！

• 必備材料 •

植髮	要植髮的頭、保鮮膜、紙膠帶或木工膠水、鑷子、假髮髮絲、植髮專用針、捲線板或衛生紙捲筒芯、橡皮筋、小鯊魚夾
小甜甜捲髮	細吸管 5 支或娃娃專用的髮捲、噴霧器、熱水、珠針、保鮮膜、塑膠袋

注意
這裡介紹的內容是依據個人的經驗所獲得的知識。過程中有可能會使娃娃受到損傷，請多加注意。

step1. 準備要植髮的頭

如果娃娃的臉部有上妝的話，在植髮或水燙髮的過程中，有可能會使彩妝受損，請多加注意。如果有考慮要改妝的話，等植髮或燙髮完再進行改妝會比較安全。

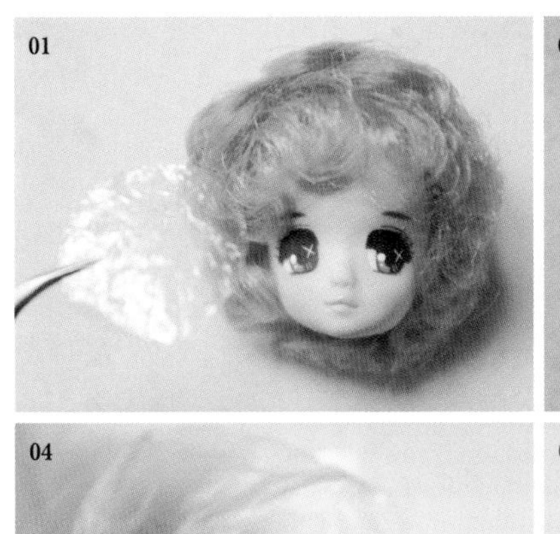

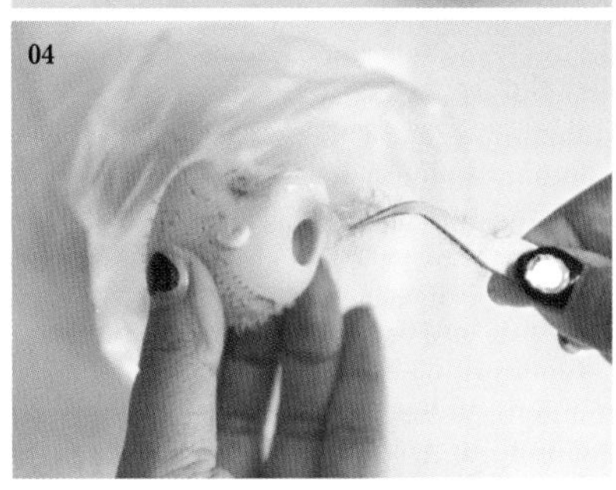

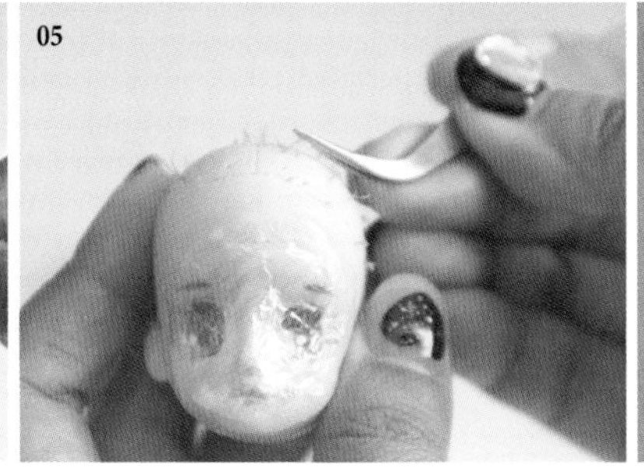

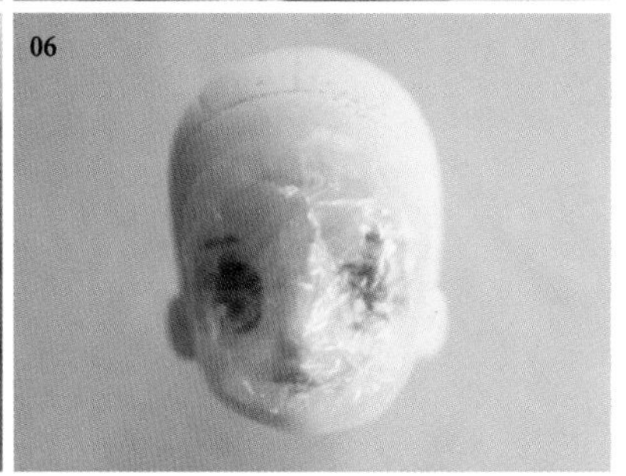

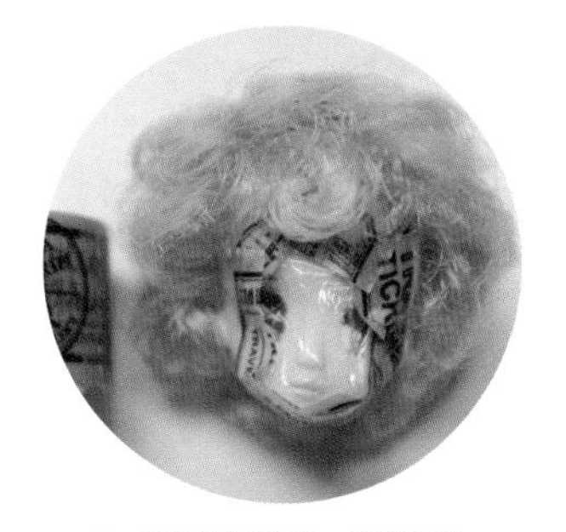

Tip 固定保鮮膜時，使用紙膠帶也很不錯！

01 將保鮮膜重疊兩三層之後，剪成圓形。這時候保鮮膜的大小必須覆蓋到所有上妝的區域。將剪成圓形的保鮮膜放到娃娃的臉上，並用木工膠水固定。

Tip 也可以用紙膠帶。請注意不要讓頭髮碰到紙膠帶或木工膠水。

02 把頭放進塑膠袋裡，用剪刀把原本的頭髮剪到最短，像照片中那樣。

03 為了清除頭上剩餘的頭髮，請將鑷子放進頭裡，然後刮頭的內部表面。

04 用鑷子將刮下來的剩餘頭髮夾出來。如果原本的頭髮還留在頭上的話，可能會成為植髮時頭髮纏住等等的原因，因此請盡量清除乾淨。

05 利用鑷子將頭外表面的剩餘頭髮夾除。

06 將原本的頭髮徹底清除完畢。

• TIP •

製作頭髮定型液

由於娃娃的燙髮過程並沒有使用藥水，因此很容易變直。將頭髮定型液噴灑在頭髮上，可以讓燙完的捲髮維持比較久。只要有噴霧瓶、木工膠水及熱水，就能輕易地製作出頭髮定型液。將熱水及木工膠水以 10：1 的比例混合，接著倒入噴霧瓶裡，然後上下搖均勻就完成了。

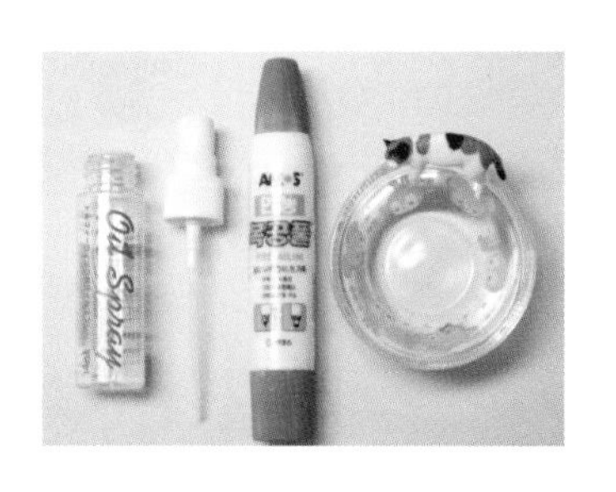

step2. 準備植髮的頭髮

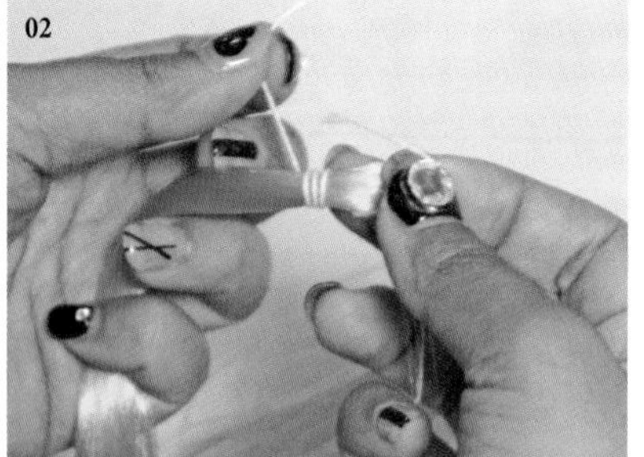

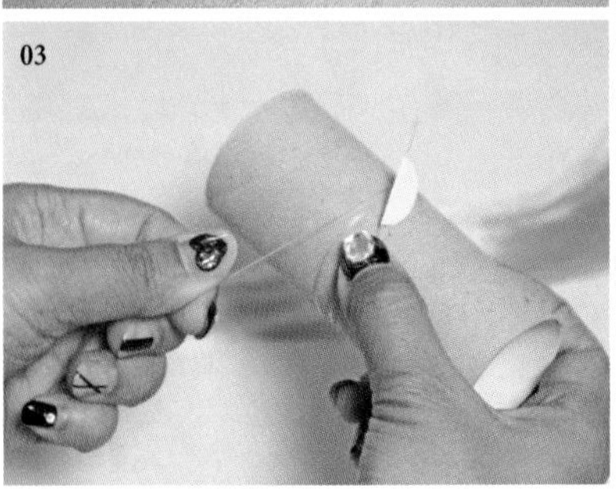

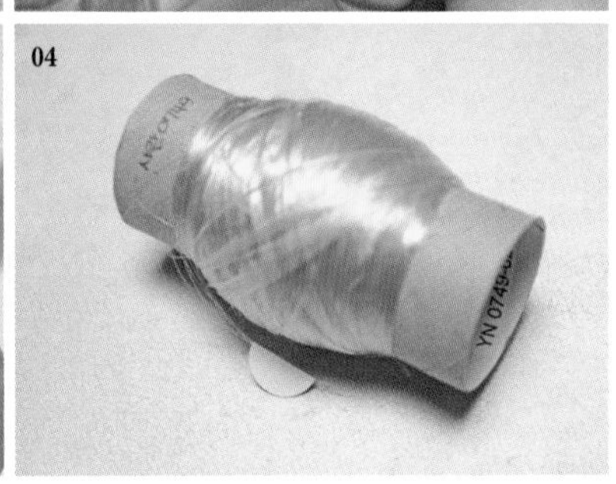

01 將假髮髮絲從塑膠袋裡拿出來，並將它攤開，以免互相纏在一起。通常假髮髮絲是每 10 根纏繞成一綑，而且兩端都有貼上貼紙，所以可以知道那邊是起始端。

02 為了避免纏住，請將綑綁的線拆除。

03 以貼著貼紙的其中一端為起始端，纏繞到捲線板或衛生紙捲筒芯上。

04 在衛生紙捲筒芯末端寫上假髮髮絲的名稱，下次要買相同的髮絲時會很有幫助。

step 3. 雙馬尾植髮｜植入側邊髮

決定好想要的植髮髮型後，必須構思頭髮的分線。這裡要植入的髮型是有瀏海的雙馬尾。如果是有瀏海的雙馬尾，就必須進行 T 字形分線作業。首先，先從側邊髮開始植入吧。

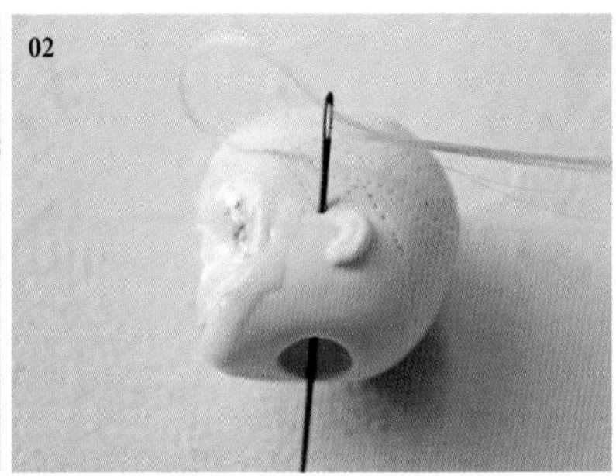

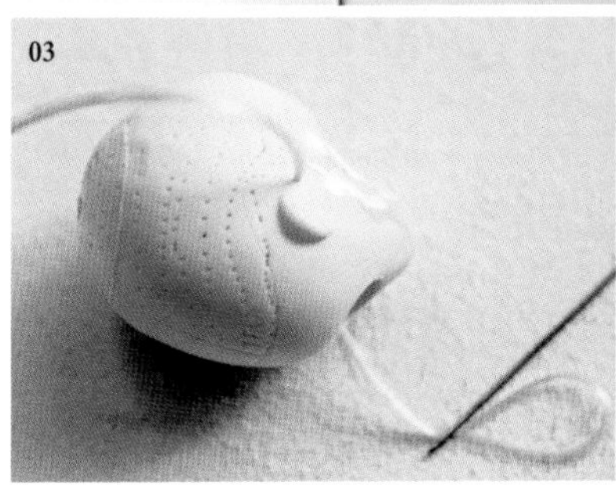

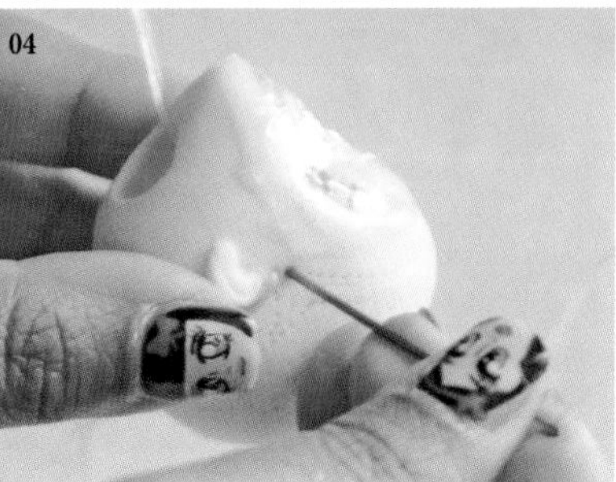

01 將假髮髮絲長度剪成約 30cm 並對半摺，然後將對摺的地方穿過針孔，形成一個圈圈。

02 用形成圈圈的狀態，從植髮線的起點由頭外往頭內穿刺，然後從頭底洞口（脖子那邊）抽出來。

03 拉動植髮針，直到圈圈被拉出來為止，而且必須使拉出頭底洞口外的髮絲長度，包含圈圈的部分約為 4～5cm。（這個圈圈是鎖鍊編織的起點－1 號圈圈）

04 將第一個穿出來的髮絲圈圈掛在左手食指上，用和 1 號圈圈相同的方法，將髮絲穿過針孔，然後穿刺到旁邊的孔洞。

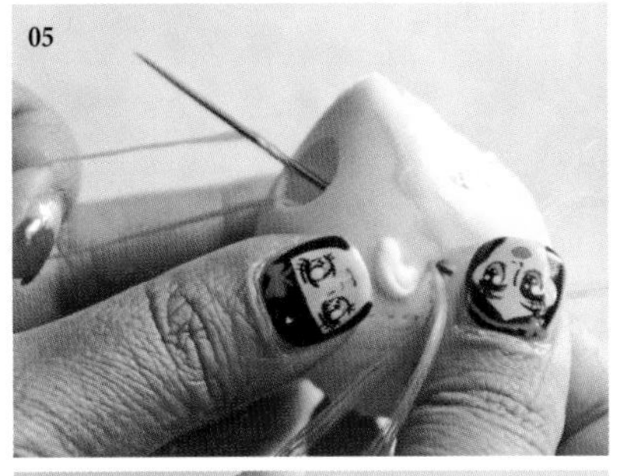

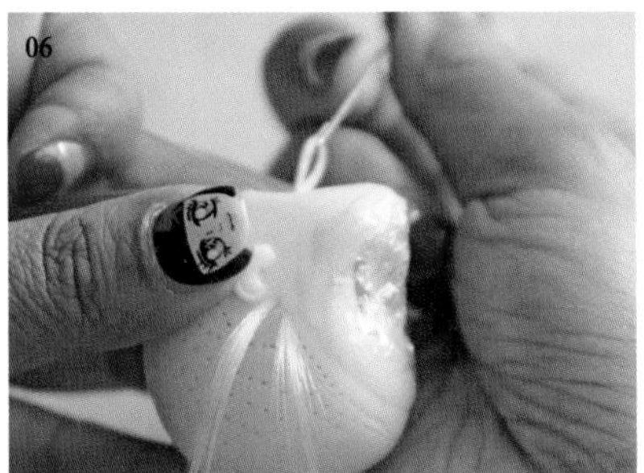

05將穿過頭部的植髮針穿入第一個圈圈，編織成鎖鏈。這時候為了編出更確實的鎖鏈，請將圈圈的其中一邊在植髮針上纏繞兩三圈。

06在纏繞著的狀態下拉動植髮針，將第二個圈圈拉出來。（2 號圈圈）

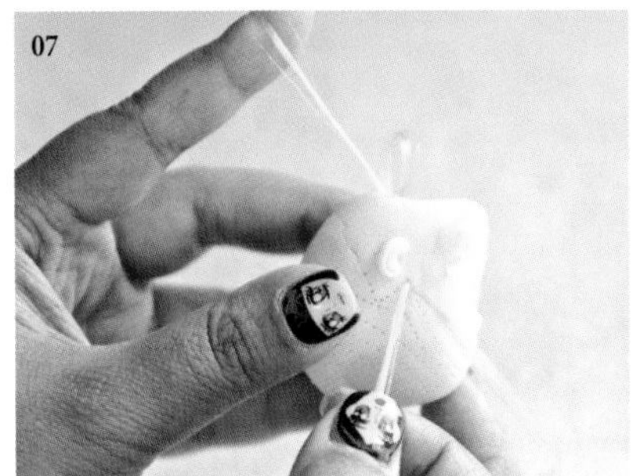

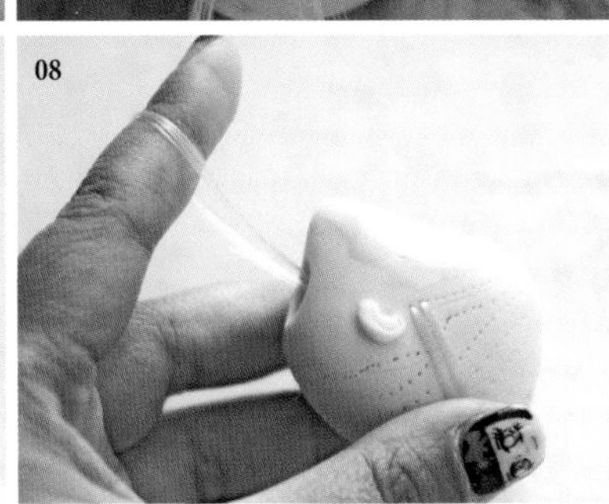

07將新形成的 2 號圈圈掛到食指上，然後將 1 號圈圈另一端的髮絲往頭外拉。

08將髮絲拉到底，第一個植入的髮絲的圈圈被拉進頭內，成為第一個鎖鏈。

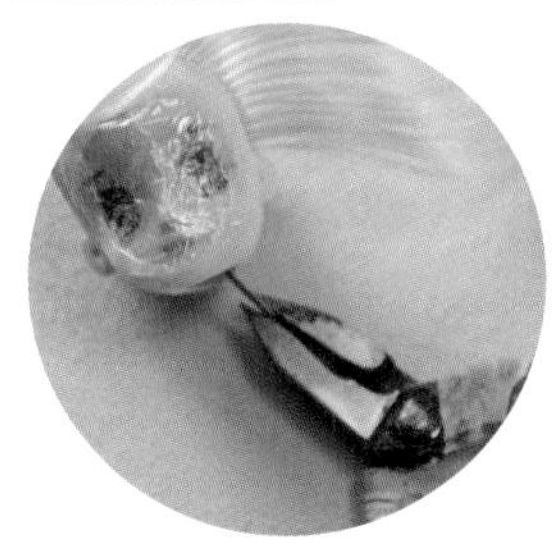

Tip 如果使用扁嘴鉗，可以更輕易地把針拉出來。如果鉗子直接碰到娃頭的話，有可能會汙染娃頭，請多加注意。

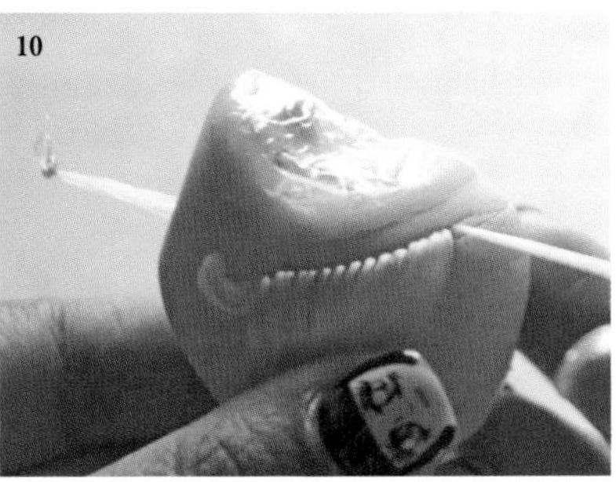

09重複步驟 4～8，沿著頭髮外輪廓植入髮絲。

10在之後要植入瀏海的起始位置停下並打結，然後將髮絲往外拉，作為結尾。

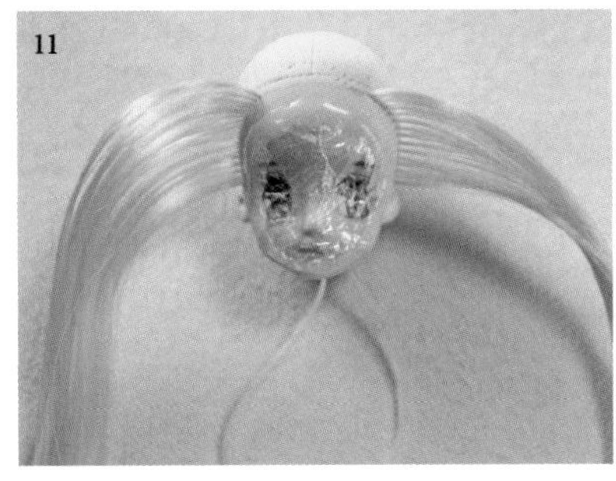

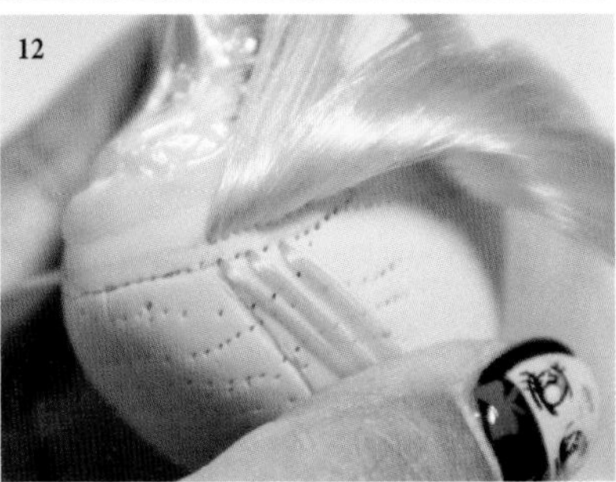

11除了要植入瀏海的區域之外，用和上述相同的方法替另一邊側邊植髮。

12雖然植髮植得很密集，但是新的植髮線比原本植髮的間距還遠，如果看得到植髮的孔洞或露出很多縫隙的話，請在距離外輪廓往內 3mm 左右的位置，以 3～4mm 為間距植入髮絲，作為補充。

step4. 雙馬尾植髮｜植入後邊髮

接下來輪到植入後邊髮了。方法跟側邊髮一樣。雖然可以連續進行鎖鏈編織直到植髮結束，但是如果過程中時不時地打個結的話，就可以減少因為失誤導致鎖鏈鬆開的情況。

01

02

01 沿著後腦勺下緣的植髮線植髮。

02 後腦勺下緣的植髮完成之後打個結，並把髮絲往外拉作為結尾。

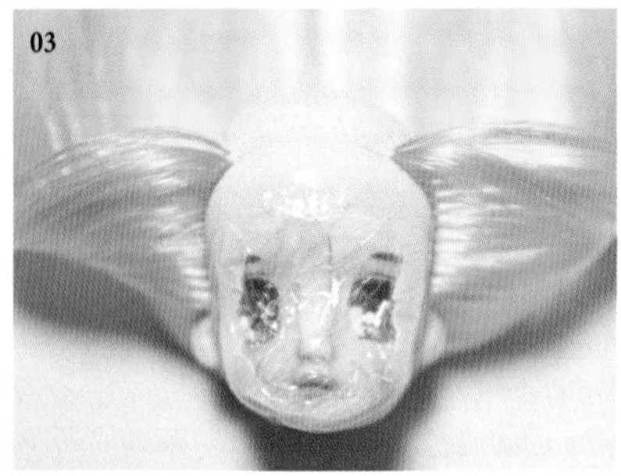
03

04

03 這是側邊和後邊植髮完成的樣子。因為預定要綁成雙馬尾，所以內側不進行植髮。

04 以後中分線為中心，將側邊髮和後邊髮分成兩束，用小鯊魚夾或橡皮筋綁起來。

•TIP•

修改植髮線

如果是要做和原本的髮型不一樣的髮型，或者因為是工廠植入的植髮而無法選擇植髮線的時候，也可以修改植髮線。修改植髮線時，請用顏色不深的鉛筆，直接在頭上畫出新的植髮線，而且必須畫在植髮後不會看到原本的植髮線（原本的植髮孔洞）的位置才行。

step5. 雙馬尾植髮｜植入瀏海

再接下來是輪到植入瀏海了。瀏海和頭頂中分線區域的植髮，只有方向不同而已，方法是一樣的。將髮絲交錯植入，是做出自然中分線的秘訣。

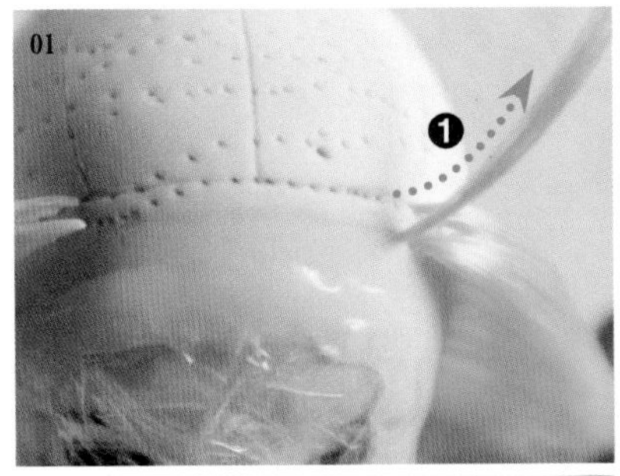

01 請參考雙馬尾側邊髮植髮的步驟 1～3，植入第一束髮絲之後，將往外拉出來的髮束往頭頂那邊擺放。（1 號髮束）

02 在距離 1 號髮束往後（往頭頂方向）3mm 左右的位置，植入第二束髮絲，並將這條髮束往臉那邊擺放。（持續以鎖鏈編織的方式進行作業）

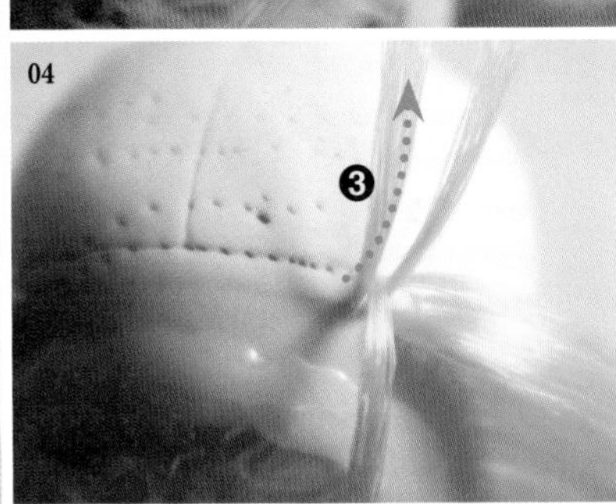

03 在植入 1 號髮束的孔洞旁邊植入第三束髮絲。

04 將第三束髮絲往頭頂那邊擺放。

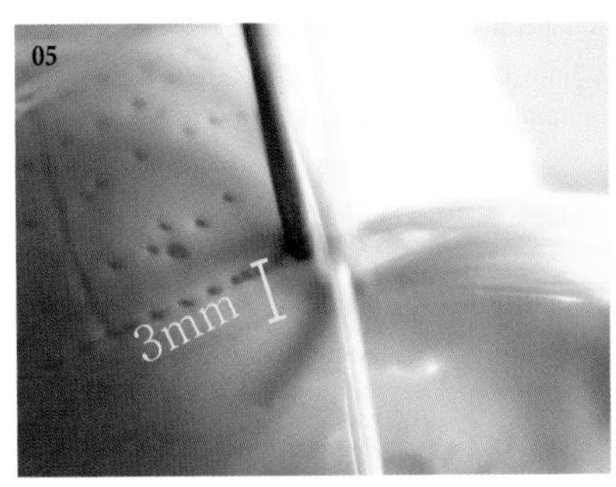

05 在距離第三束髮絲往後 3mm 左右的位置，植入第四束髮絲，並將這條髮束往臉那邊擺放。

06 重複步驟 2～6 的過程，一邊將髮束一前一後交錯擺放，一邊進行鎖鏈編織植髮，直到瀏海的末端。

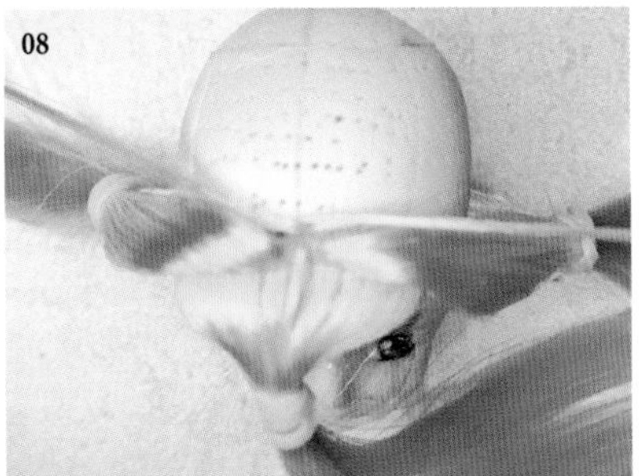

07 將最後植入的瀏海髮束打個結，並把髮絲往外拉作為結尾。

08 為了避免前後交錯的髮絲混在一起，請用橡皮筋將往前擺放的髮絲綁成一束，往頭頂那邊擺放的髮絲則以中分線為中心分成兩束，然後和側邊髮綁在一起。

step6. 雙馬尾植髮｜以中分線為基準植入頭頂

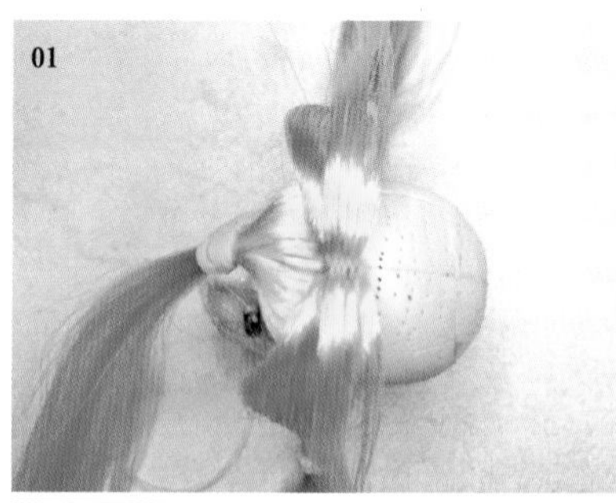
01

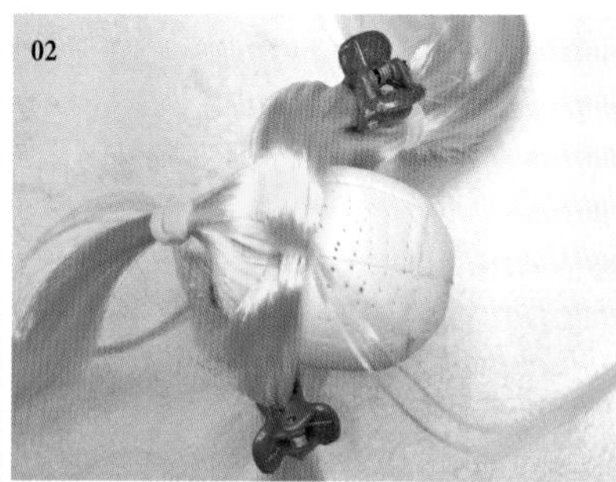
02

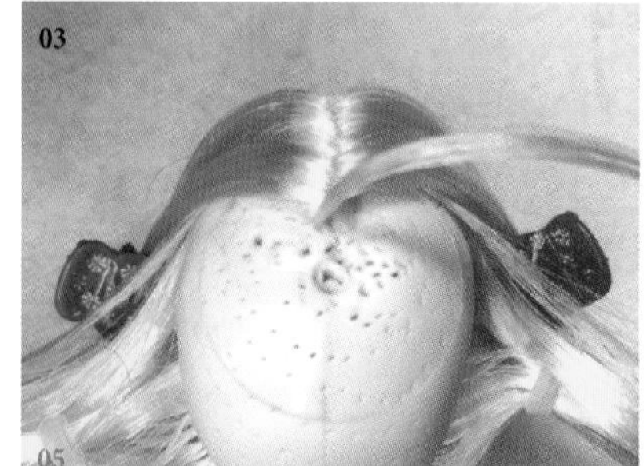
03

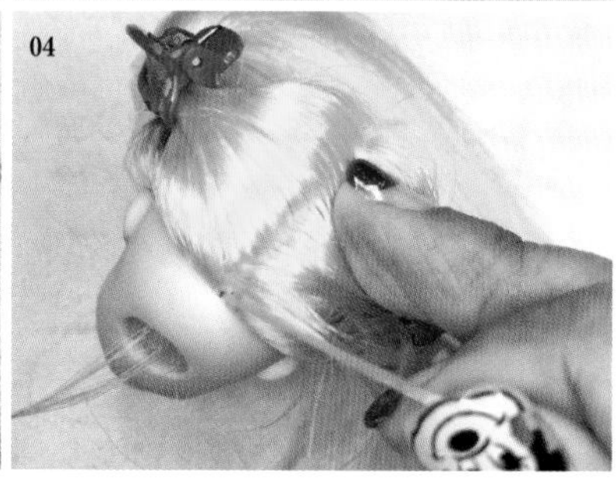
04

01 用和植入瀏海時一樣的方式進行植髮，將在左邊植髮孔洞植入的髮絲往右邊擺放，在旁邊距離 3mm 處植入的髮絲則往左邊擺放。

02 為了避免左右交錯的髮絲混在一起，請一邊利用小鯊魚夾將其各自固定一邊進行作業，這樣會比較方便。

03 有時候頭頂會有巨大的孔洞。如果是有巨大孔洞的話，以中分線為中心，在左右距離相同的地方進行植髮，將一束束髮絲左右交錯擺放，就可以做出比較自然的中分線。

04 植髮完成之後打個結，並把髮絲往外拉作為結尾。

• TIP •

修改頭頂植髮線

- 成為中分線的線因為頭頂的孔洞而中斷時，請用鉛筆畫上中分線。（左邊的照片）
- 在頭頂大孔洞附近植髮的時候，請像右邊的照片那樣，以中分線為中心，維持相同的距離，並將植入的頭髮交錯擺放，這樣就會很自然。（右邊的照片）

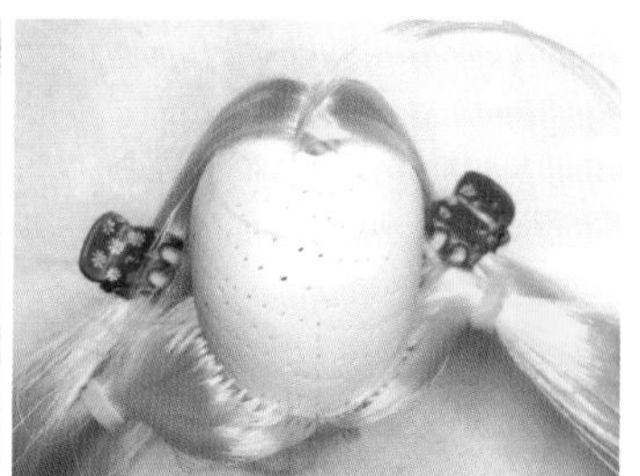

step7. 綁雙馬尾

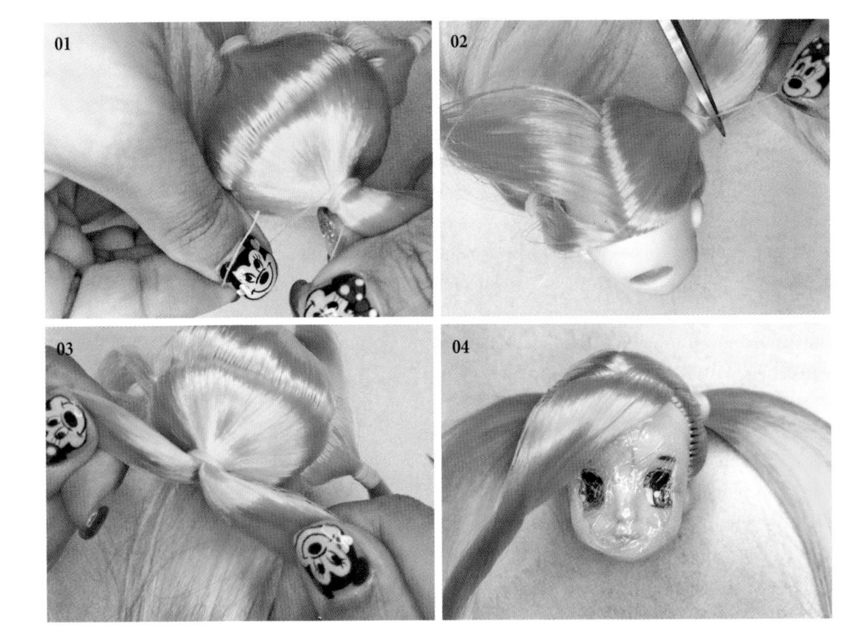

01 現在要來綁雙馬尾了。用透明橡皮筋或和頭髮顏色相近的線纏繞好幾圈再綑綁起來。

02 為了避免綑綁的線往下懸垂，請用剪刀將線修短。

03 將髮束對半分，輕輕地往左右拉動，使馬尾綁得更札實。

04 將另一邊也綁好。

step8. 剪瀏海

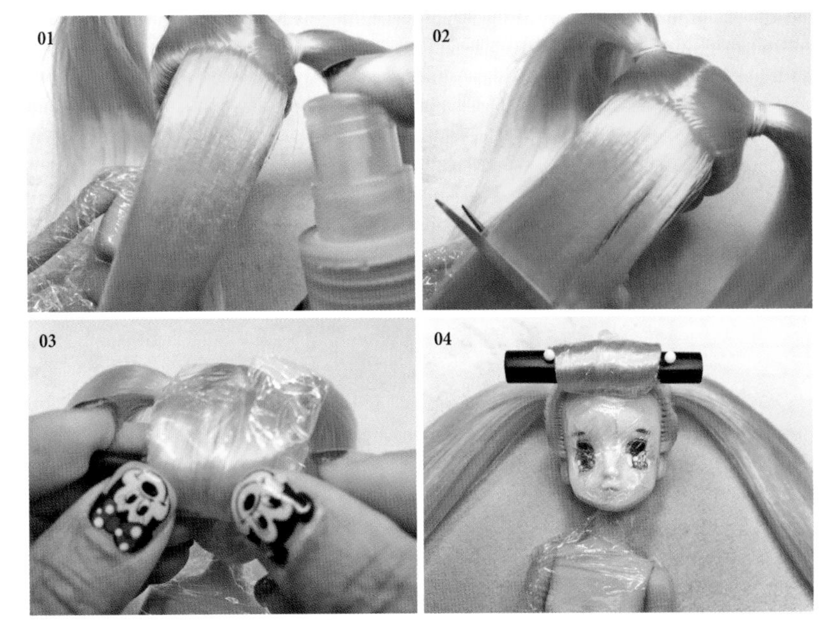

01 將植完髮的頭連接到身體上，然後用噴霧器把水噴灑在瀏海上。

Tip 這時候為了避免汙染身體，請用保鮮膜包住身體。

02 將噴濕的瀏海梳整齊，並剪成適當的長度。

Tip 稍微剪得長一點。

03 放上一小片保鮮膜，將瀏海包覆住，然後利用粗吸管將瀏海往內捲。

04 捲到額頭末端之後，插上珠針，將吸管固定在頭上。

注意 這時候要注意插入珠針的方向不要往臉部那邊去。

step9. 水燙髮｜小甜甜捲髮

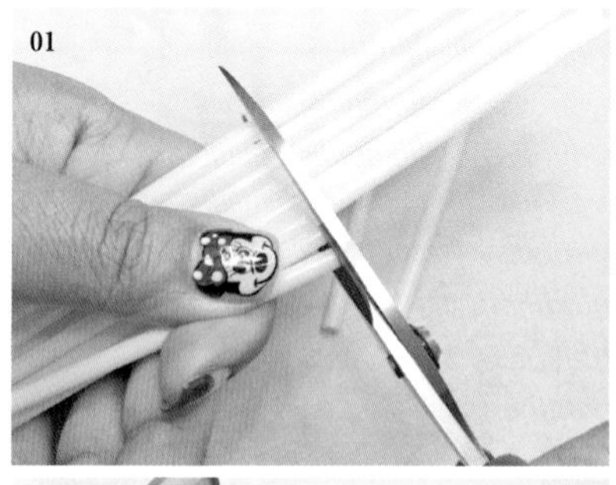

01 雖然有娃娃專用的髮捲會更好，但是用吸管來燙髮也已經很夠用了。從細吸管的中間對半剪，準備好 10 支吸管髮捲。

02 用噴霧器把水噴灑在要進行水燙髮的頭髮上並將頭髮梳順。

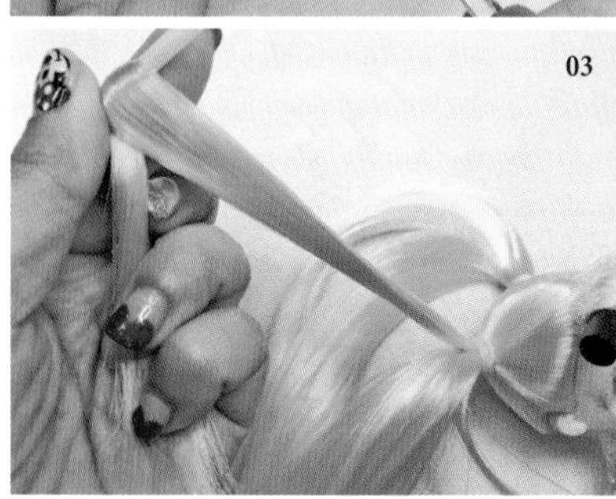

03 兩邊各用五支吸管將頭髮捲起來。先將頭髮分成五等分，然後將吸管放在其中一等分的頭髮上方，用左手抓著並固定住髮尾，用右手將頭髮往頭那邊捲。

04 捲到綑綁頭髮的地方之後，用珠針固定吸管和頭。

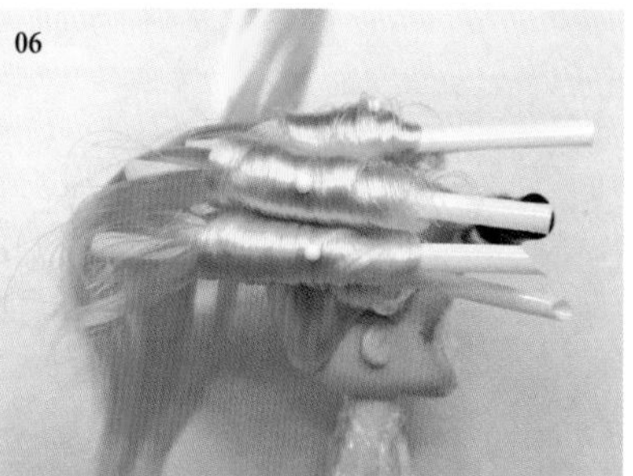

05 抓好五等分中的另外一等分，這次要將吸管放在頭髮下方，然後往頭那邊捲。而且也用珠針固定好。

06 用跟步驟 5 一樣的方法，將剩下的三個等分也捲好並用珠針固定。

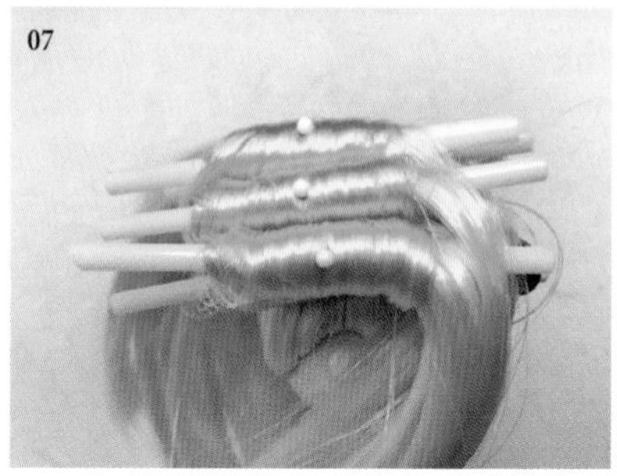

07 另一邊也用相同的方法，將頭髮用吸管捲好並用珠針固定，然後將頭和身體分開。

08 為了避免頭髮亂成一團，以及使蒸汽燙的效果最大化，請用保鮮膜包住頭髮。（這時候為了保護彩妝，請將覆蓋在臉上的保鮮膜拆除。因為木工膠水在熱水裡融化之後會變得黏黏的，有可能會使臉部變髒）

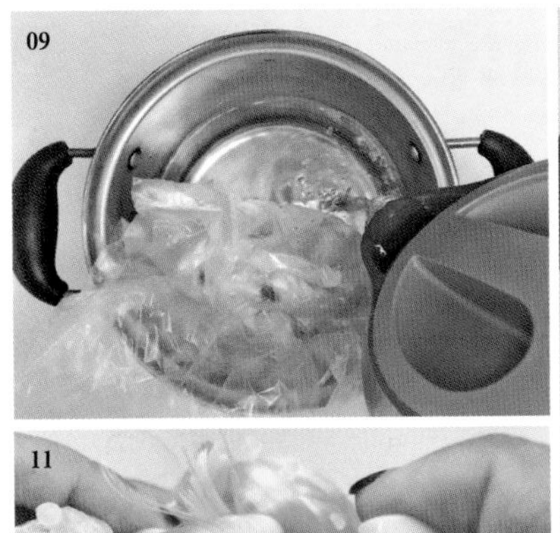
09

10

09 將塑膠袋放進持溫效果很好的鍋子或容器裡，並將用保鮮膜包住的頭放進塑膠袋裡。將煮到 100℃的 1 公升水倒進鍋子裡。

Tip 為了避免彩妝受到損傷，請盡量將臉部朝上擺放。

10 為了讓水的溫度可以維持很久，請蓋上鍋蓋。維持這個狀態，直到水完全冷卻為止。

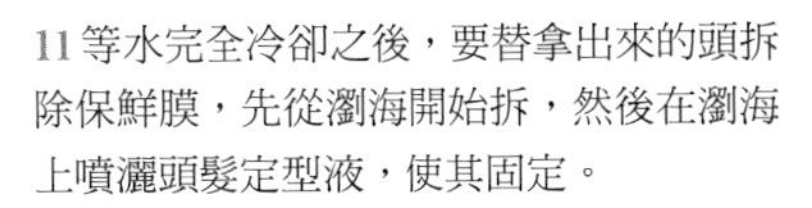
11

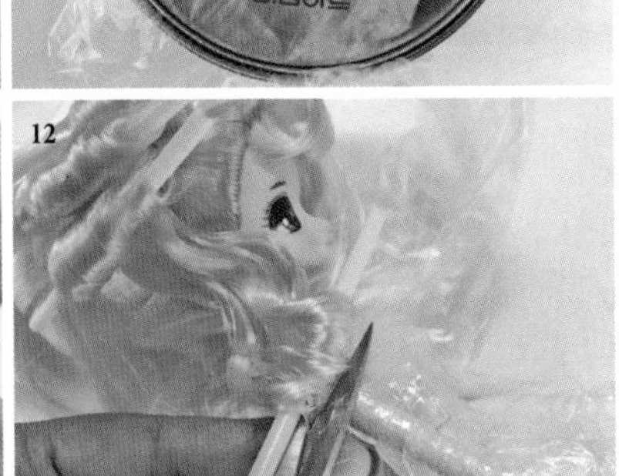
12

11 等水完全冷卻之後，要替拿出來的頭拆除保鮮膜，先從瀏海開始拆，然後在瀏海上噴灑頭髮定型液，使其固定。

12 用剪刀將吸管沒有捲到的部分（沒有變捲的部分）剪掉，然後將頭和身體連接起來。

13

14

13 將所有吸管沒有捲到及沒有變捲的部分剪掉並稍作整理。

14 將細密的尖尾梳豎立著梳，好像要把捲髮髮束分開的感覺。

15

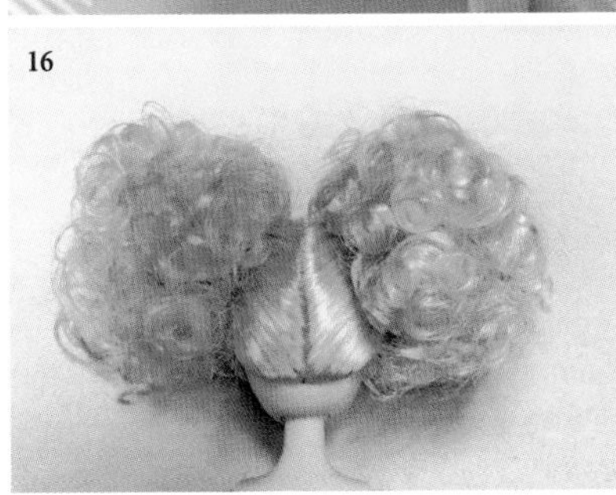
16

15 將另一邊也梳開，蓬蓬的波浪捲就完成了。

16 在前、後、兩側的波浪捲髮上，平均地噴灑頭髮定型液，使捲度能維持下去。

Amy 的美髮沙龍 2

令人聯想到《小甜甜》裡的伊莎的螺旋捲髮，
也堪稱是使娃娃變得亮眼的最佳髮型。
我要介紹也可以用來當金髮女孩髮型的“伊莎捲髮”。

• 必備材料 •

中型吸管 1 支
細吸管（養樂多專用）14 支
珠針
透明橡皮筋或和頭髮顏色相近的線
剪刀
保鮮膜
噴霧器
尖尾梳
透明膠帶

• 製作步驟 •

我要將具有大波浪長髮的模特兒變身成伊莎的髮型。

01 為了避免汙染，請用保鮮膜將身體包住。

02 依照分線將頭髮分好，並用尖尾梳仔細地梳順。

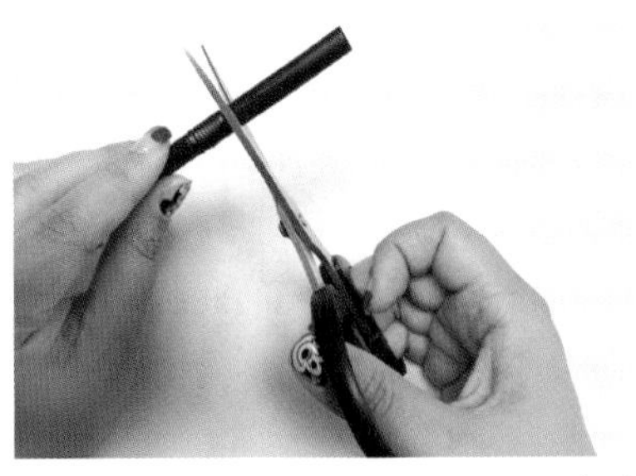

03 將用來當作髮捲的吸管（棍子）長度剪成 3～4cm，總共準備 13 支。

04 用保鮮膜將瀏海包住，接著將吸管放在瀏海下方，然後捲到額頭末端。

05 用珠針固定由吸管捲起來的瀏海兩側。這時候要注意珠針的方向不要往臉部那邊去。

06 將額頭邊界線的頭髮往頭髮的分線兩邊收攏，然後綁成公主頭（雙馬尾公主頭）。將內側沒有綁的頭髮往後梳順。

07 將捲髮時要使用的保鮮膜剪成適當的大小，並準備充足的數量。

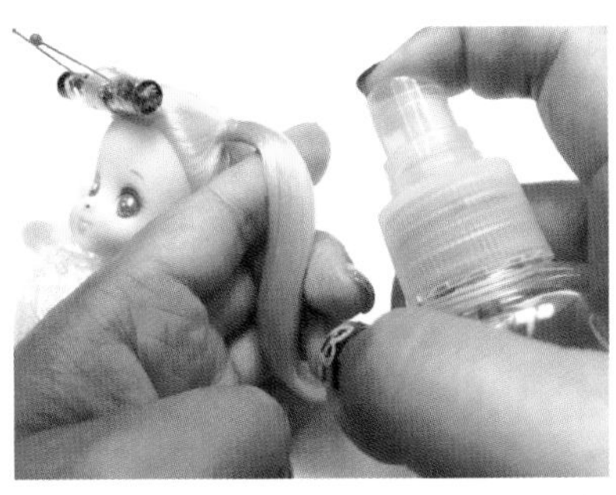

08 用噴霧器噴水，並順著頭髮的紋路整理。

09 將綁成公主頭馬尾的頭髮分成兩股。

10將吸管豎立，然後將其中一股頭髮由外往內捲。

11用相同的方法，將頭髮斜著捲，像麻花捲那樣。

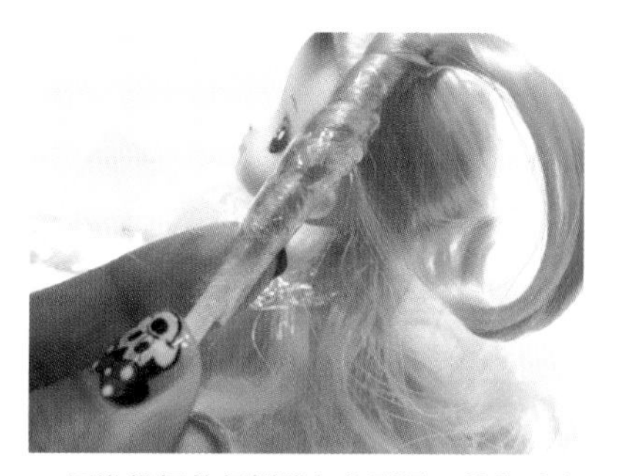

12用準備好的保鮮膜包住髮尾，然後貼上透明膠帶將保鮮膜和吸管固定好。

13用珠針將捲著頭髮的吸管上端固定在頭上。

14將公主頭馬尾的另一股頭髮也用相同的方法捲到吸管上。

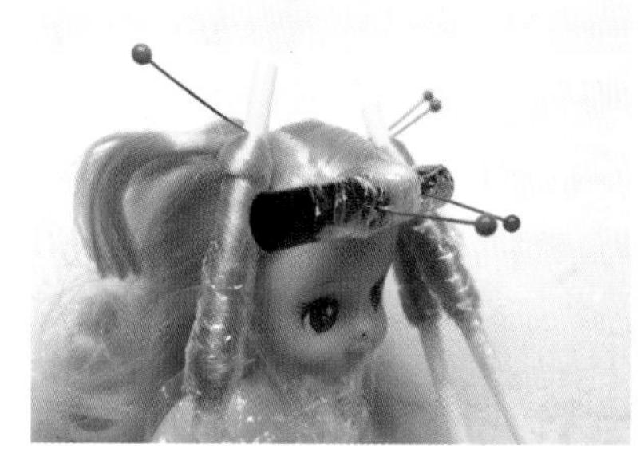

15另一邊的公主頭馬尾為了要達到左右對稱，要將頭髮往跟剛剛相反的方向捲到吸管上，然後固定好。

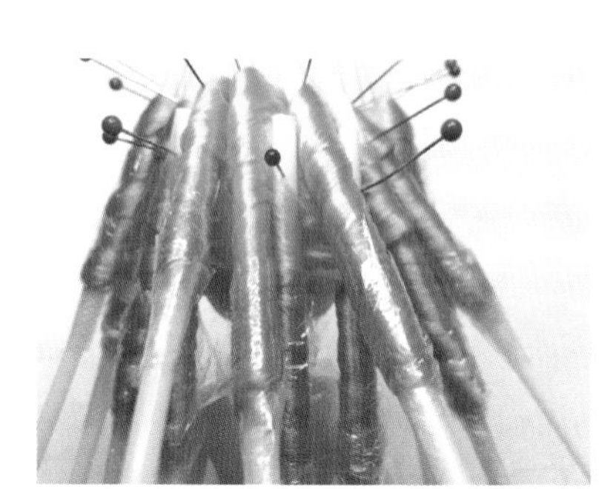

16將公主頭雙馬尾以外的頭髮分成 10 股，然後往偏愛的方向捲，左右兩側請各自往和公主頭雙馬尾一樣的方向捲。

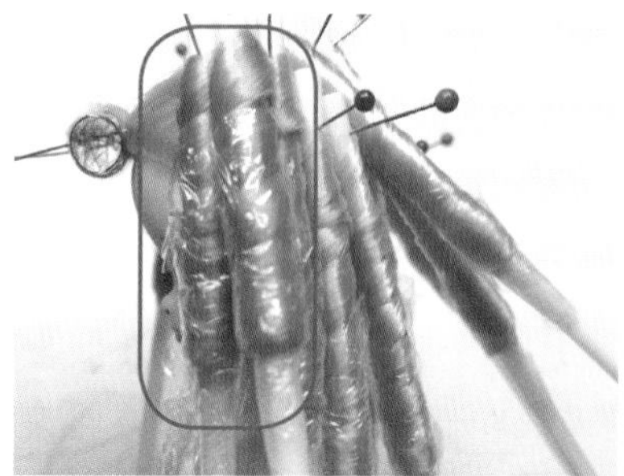

Tip 為了使兩邊對稱，兩邊的頭髮最好是互相往反方向捲。

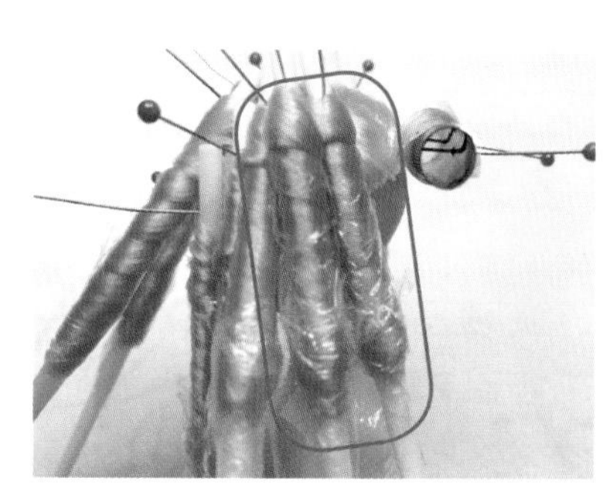

另外一邊的兩股頭髮的方向參考

17 用保鮮膜將頭髮包好。

18 和前面介紹的方法一樣，利用熱水進行蒸汽燙之後拿出來，將包覆頭髮的保鮮膜拆掉，接著先拆除瀏海的吸管和保鮮膜。

19 將所有用來固定側邊髮和後邊髮吸管的珠針都拔掉，然後對齊捲髮的末端，用剪刀修剪吸管。

20 為了整理細毛髮，請將包覆在每一捲捲髮上的保鮮膜輕輕地往下拉出來。

21 將吸管髮捲輕輕地往上拉出來。

22 珠針、保鮮膜和吸管全部都拆除了。

23 將臉部和身體用保鮮膜仔細地包住，以免沾到頭髮定型液，然後平均地噴灑頭髮定型液。

24 為了不要破壞做好造型的頭髮，請將娃娃放在通風良好的地方 1～2 個小時，使頭髮晾乾。

25 請用和衣服相配的緞帶蝴蝶結或髮帶，將娃娃裝飾得很漂亮吧。

附錄

原尺寸紙型

娃娃尺寸表

單位 cm

娃娃類型	身高	胸圍	腰圍	臀圍	手臂長	頭圍
Kkotji	20	8.2	6.3	9.2	5.8	12
Nana	19	8.3	7.4	9.8	6.0	12
Momo	20	8.2	6.2	9.0	5.0	12
Bianco	18.7	8.5	7.0	8.5	5.0	12.5
Sapildo	19	8.0	6.6	8.5	5.8	9.0
cacarote	19.5	8.8	7.0	9.3	5.6	11.5
Cosette	21	8.5	7.0	10	6.0	11.5
Kukuclara	20.5	8.3	5.6	10	5.8	12

※ 數值可能會因為測量方式或個體差異而有所誤差。
※ 手臂常是從肩膀到手腕的長度。

圖例

完成線

縫份線

皺褶

摺線

將布料對半摺之後再進行剪裁（請剪成 2 倍的長度）

直布紋方向

斜布紋方向

1. 請影印紙型。（影印兩份紙型，一份沿著完成線剪裁，一份沿著縫份線剪裁，這樣將紙型放到布料上描繪時比較方便）
2. 將紙型放在布料的背面上，用粉筆或布料專用筆沿著完成線及縫份線描繪。
3. 沿著縫份線剪裁布料，並依照完成線縫合。

愛麗絲連身洋裝 p.38

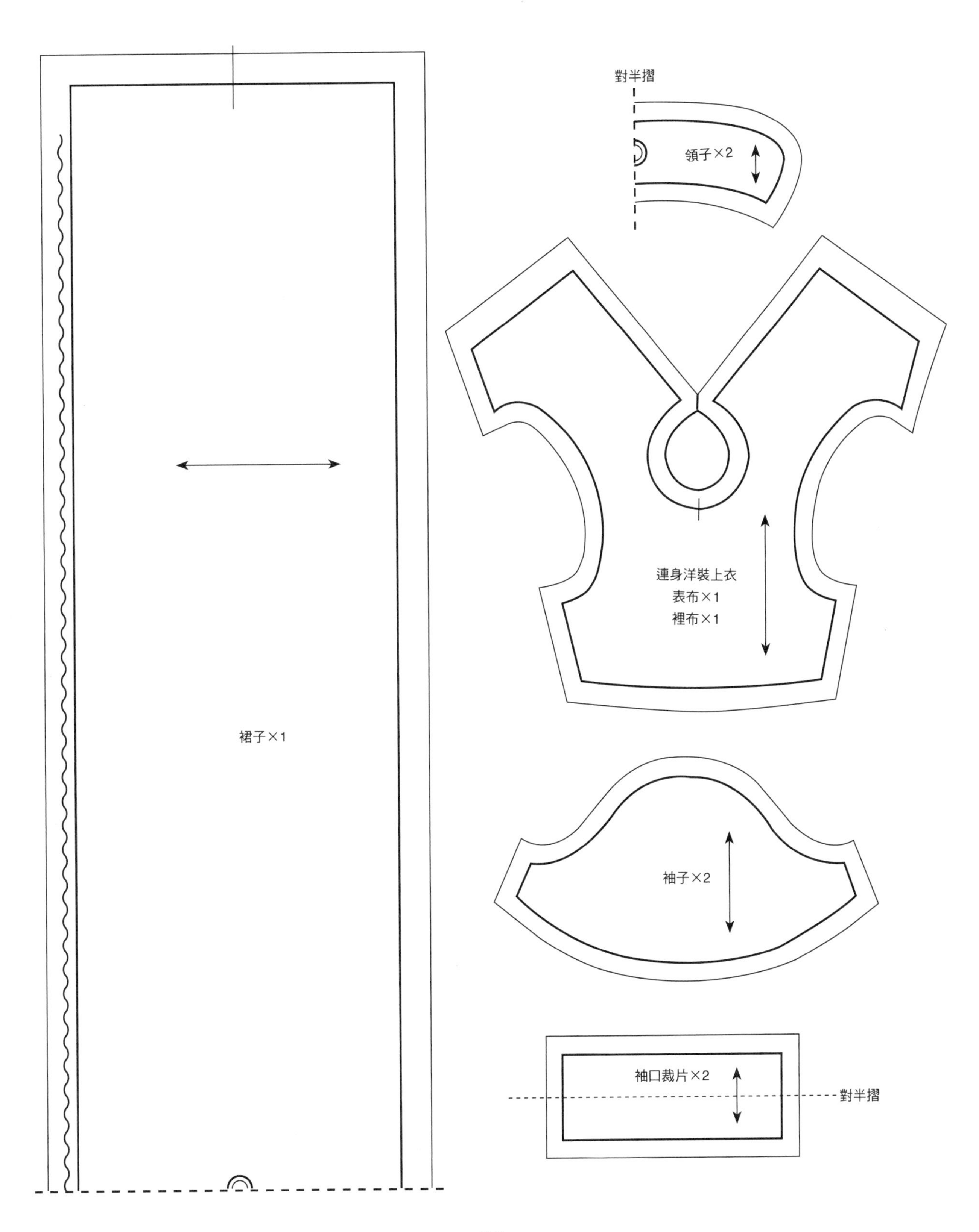

愛麗絲圍裙 p.44

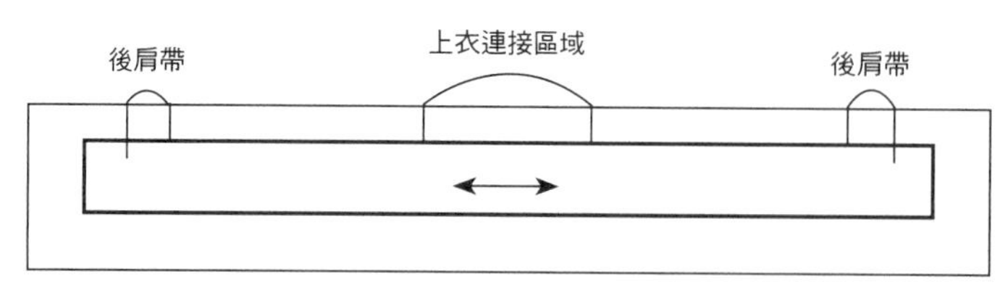

腰帶×2

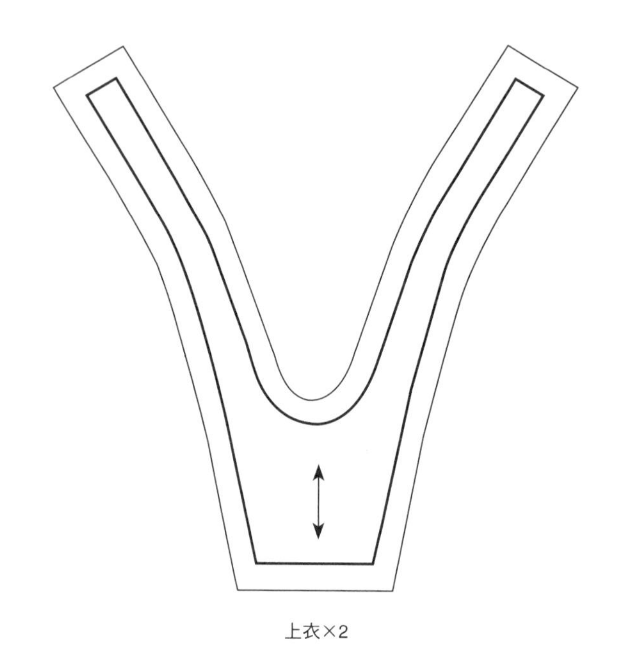

上衣×2

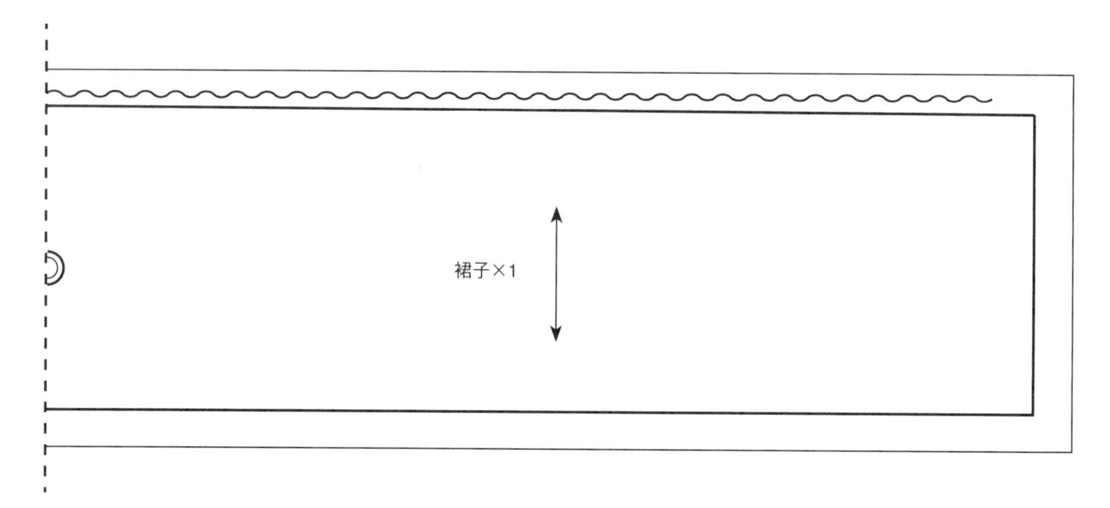

葛麗特連身洋裝 p.48

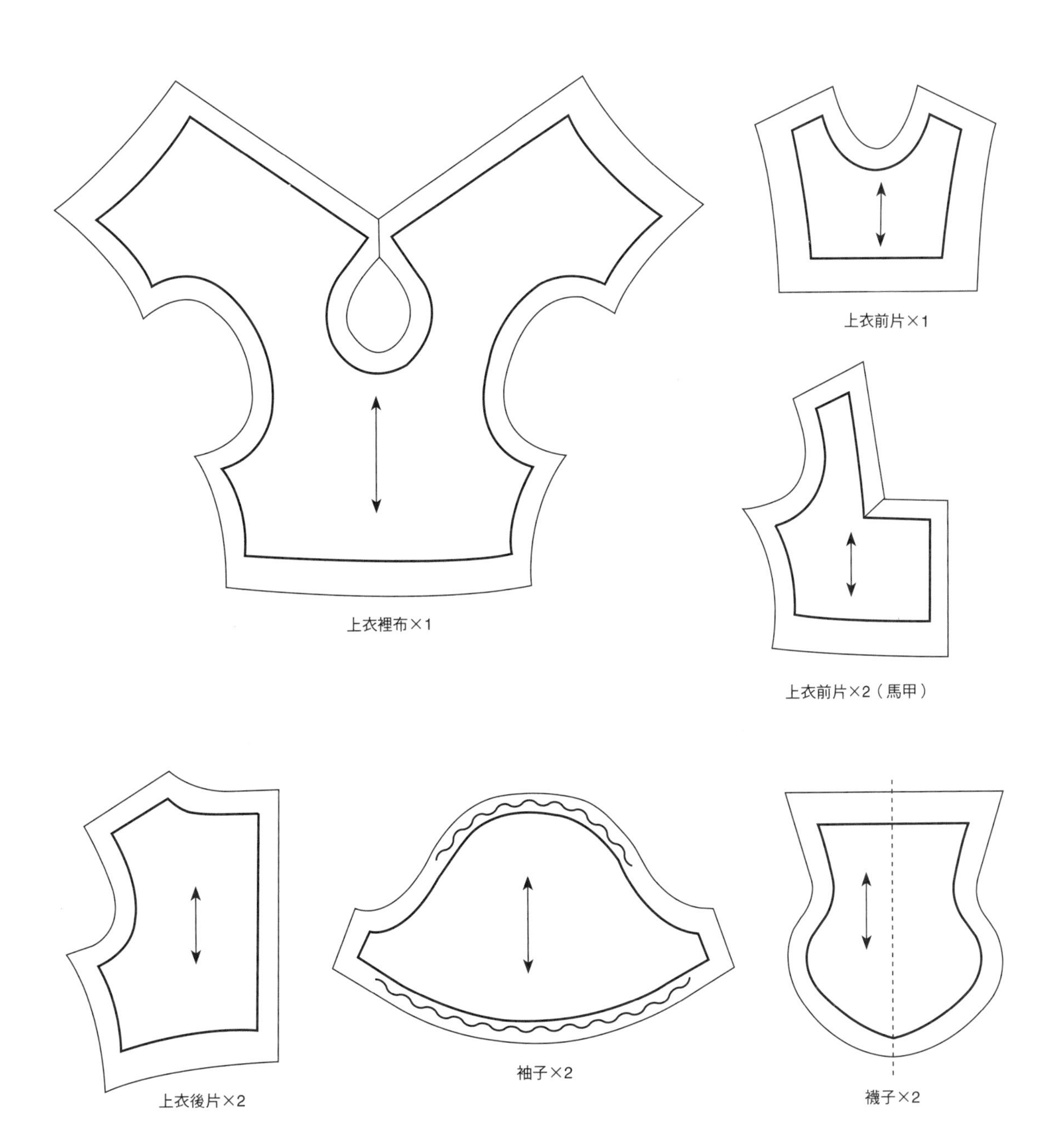

上衣裡布×1

葛麗特連身洋裝 p.48

愛麗絲四角內褲 p.42

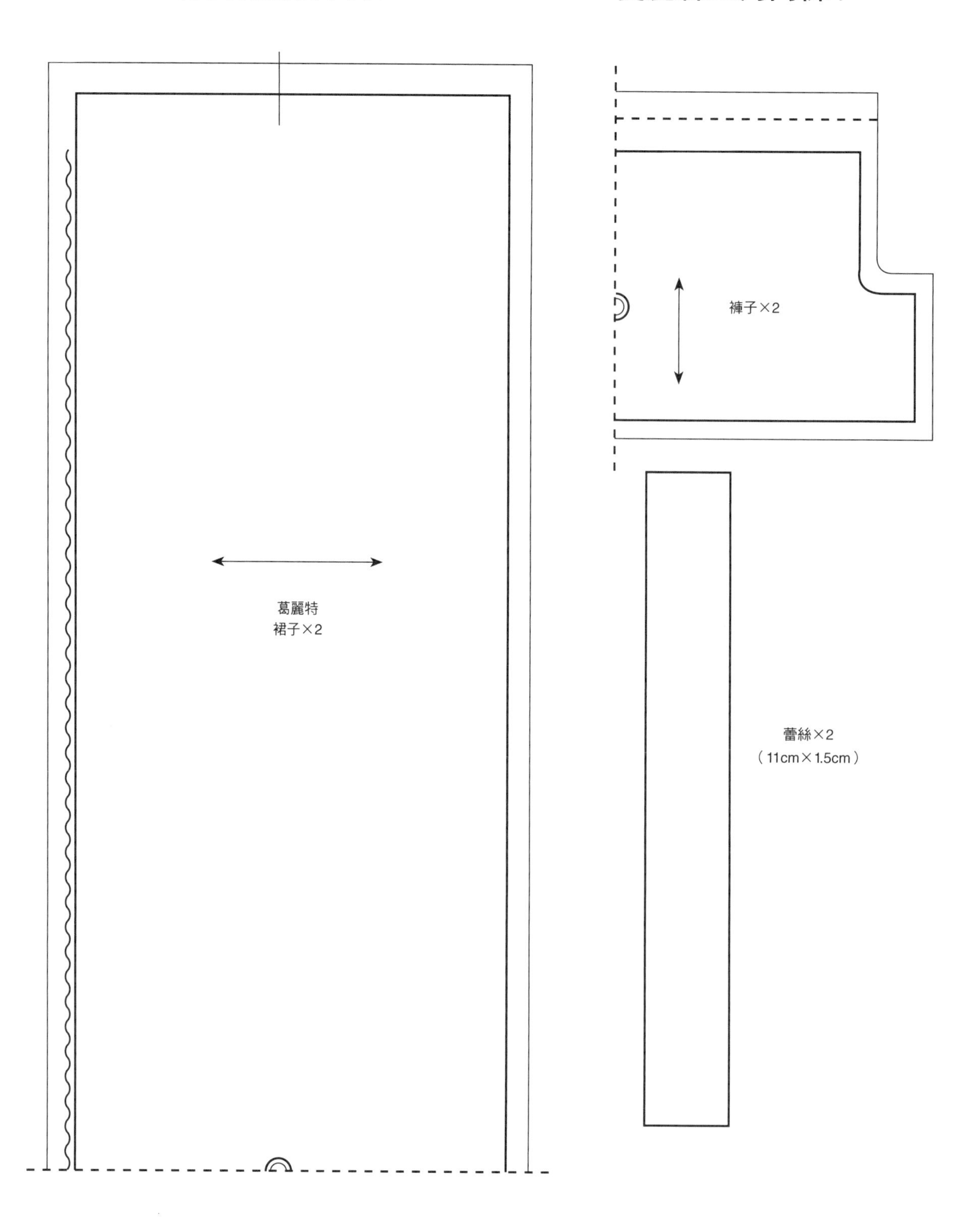

漢賽爾襯衫 p.55

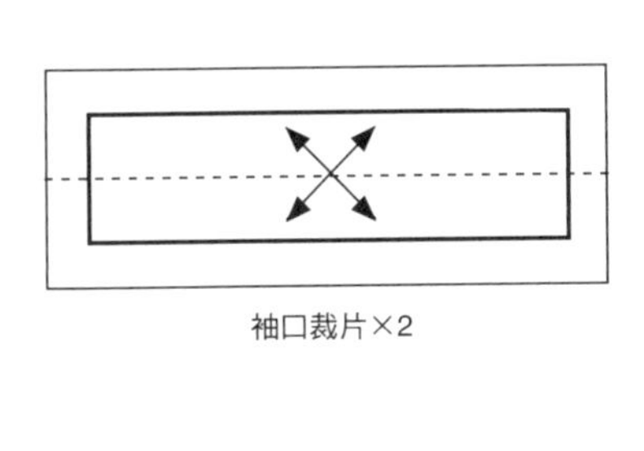

袖口裁片×2

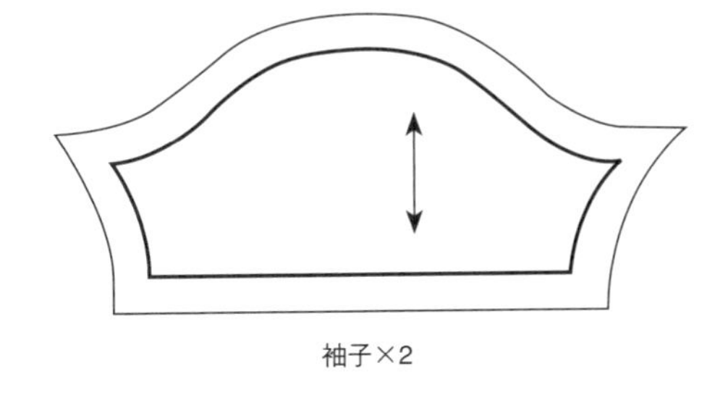

袖子×2

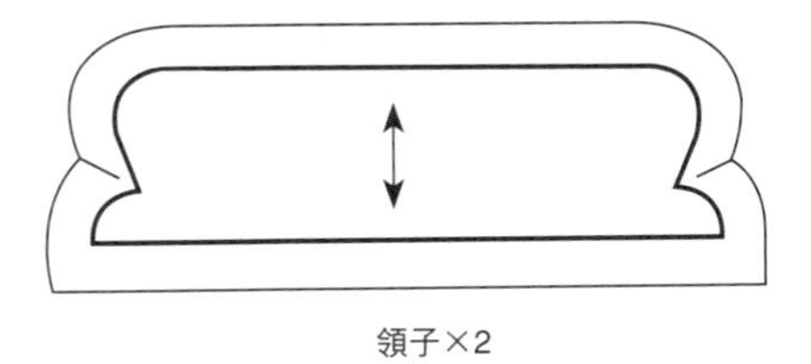

領子×2

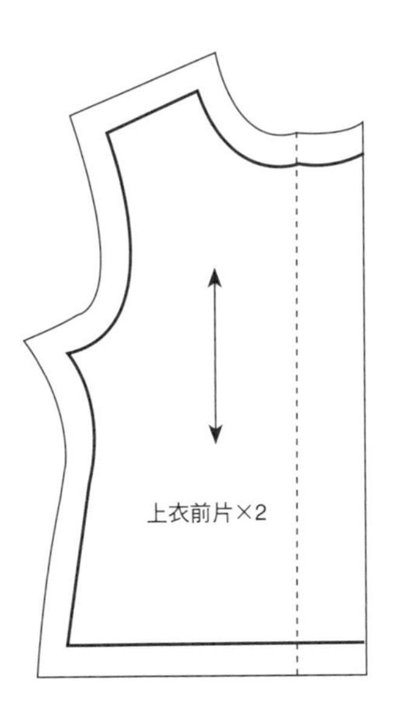

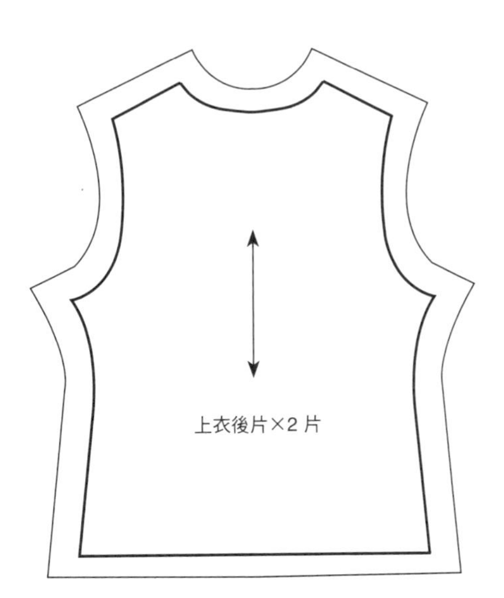

漢賽爾短褲 p.57

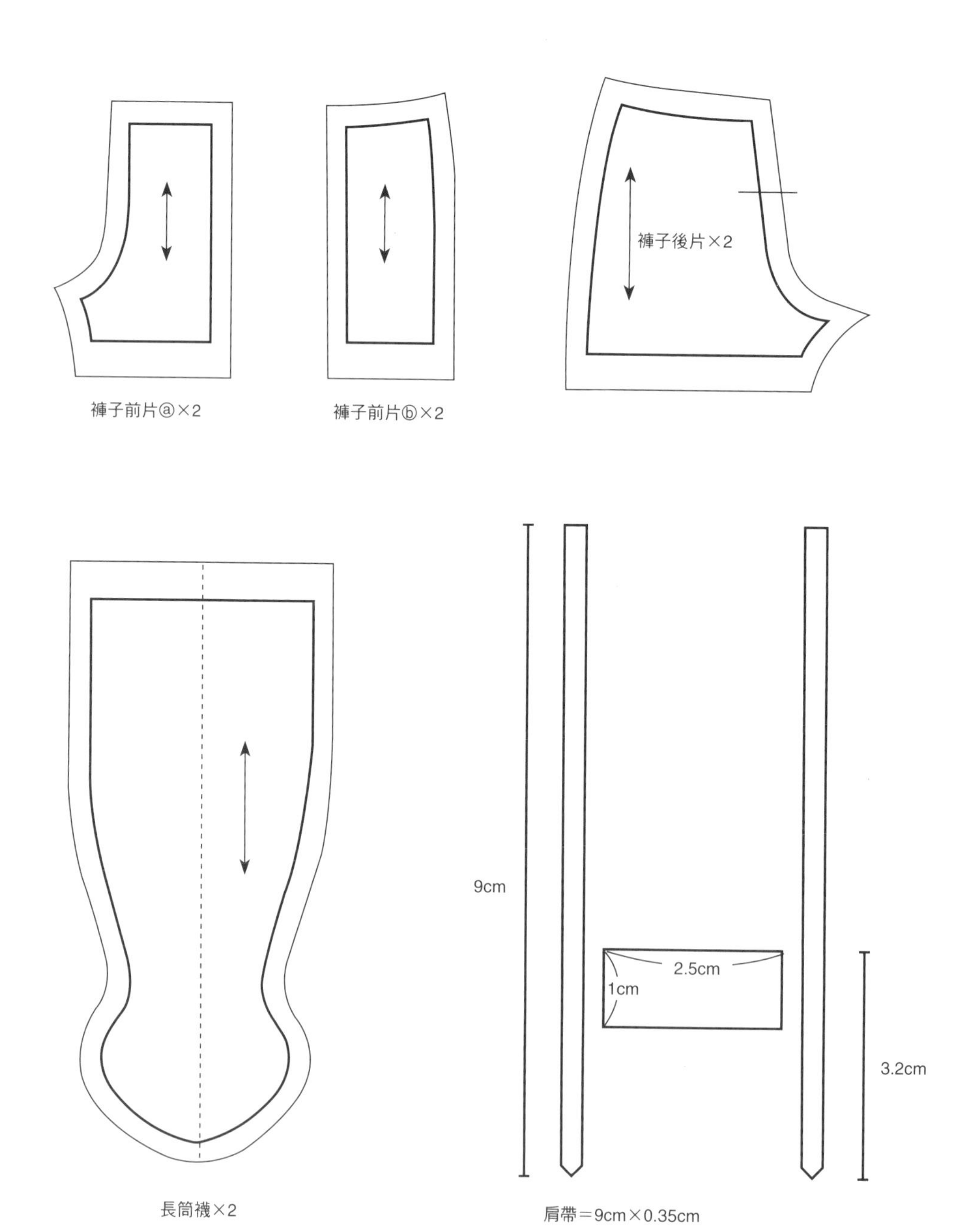

褲子前片ⓐ×2

褲子前片ⓑ×2

長筒襪×2

肩帶＝9cm×0.35cm

漢賽爾帽子 p.59

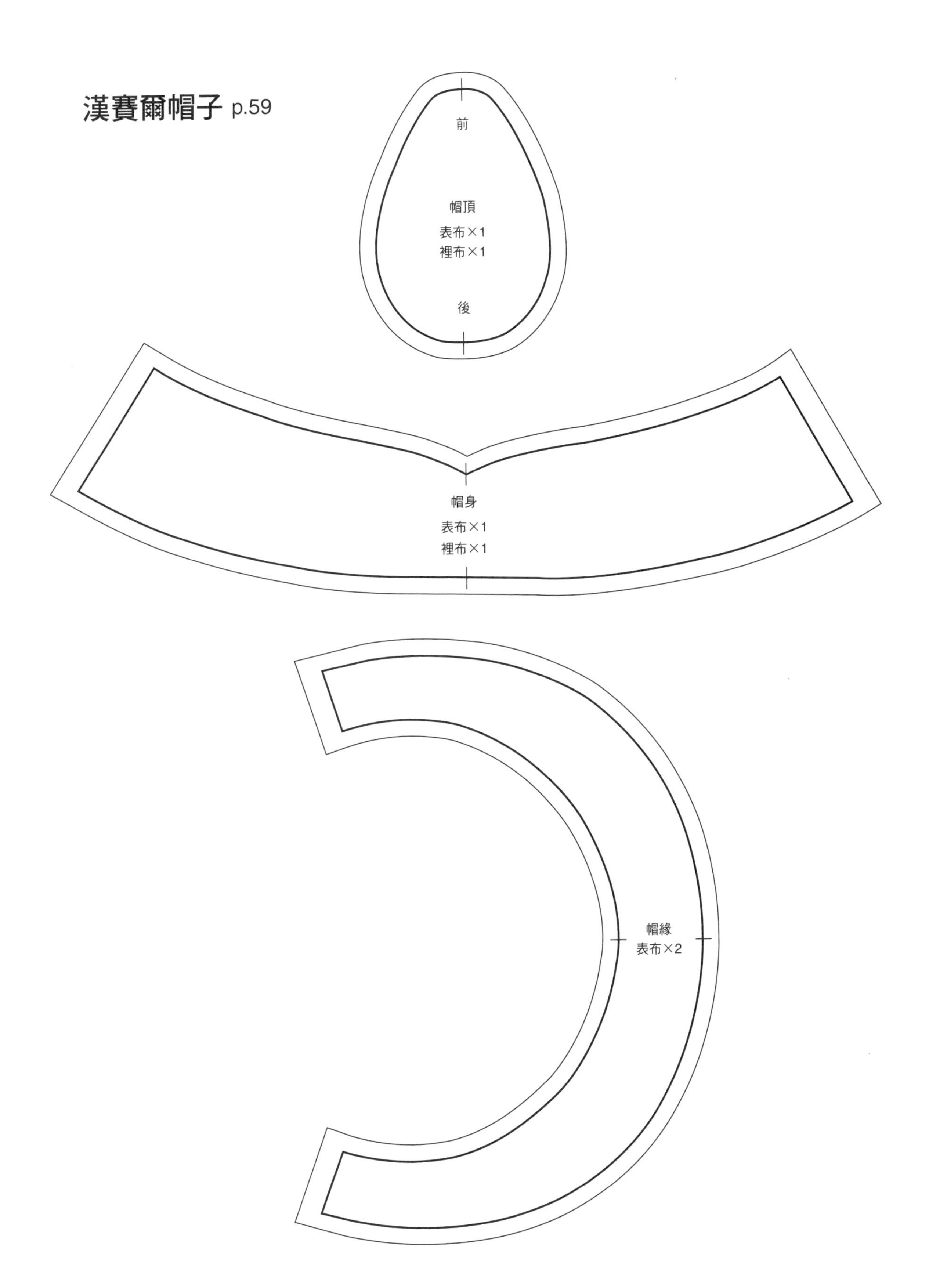

小紅帽斗篷 p.65

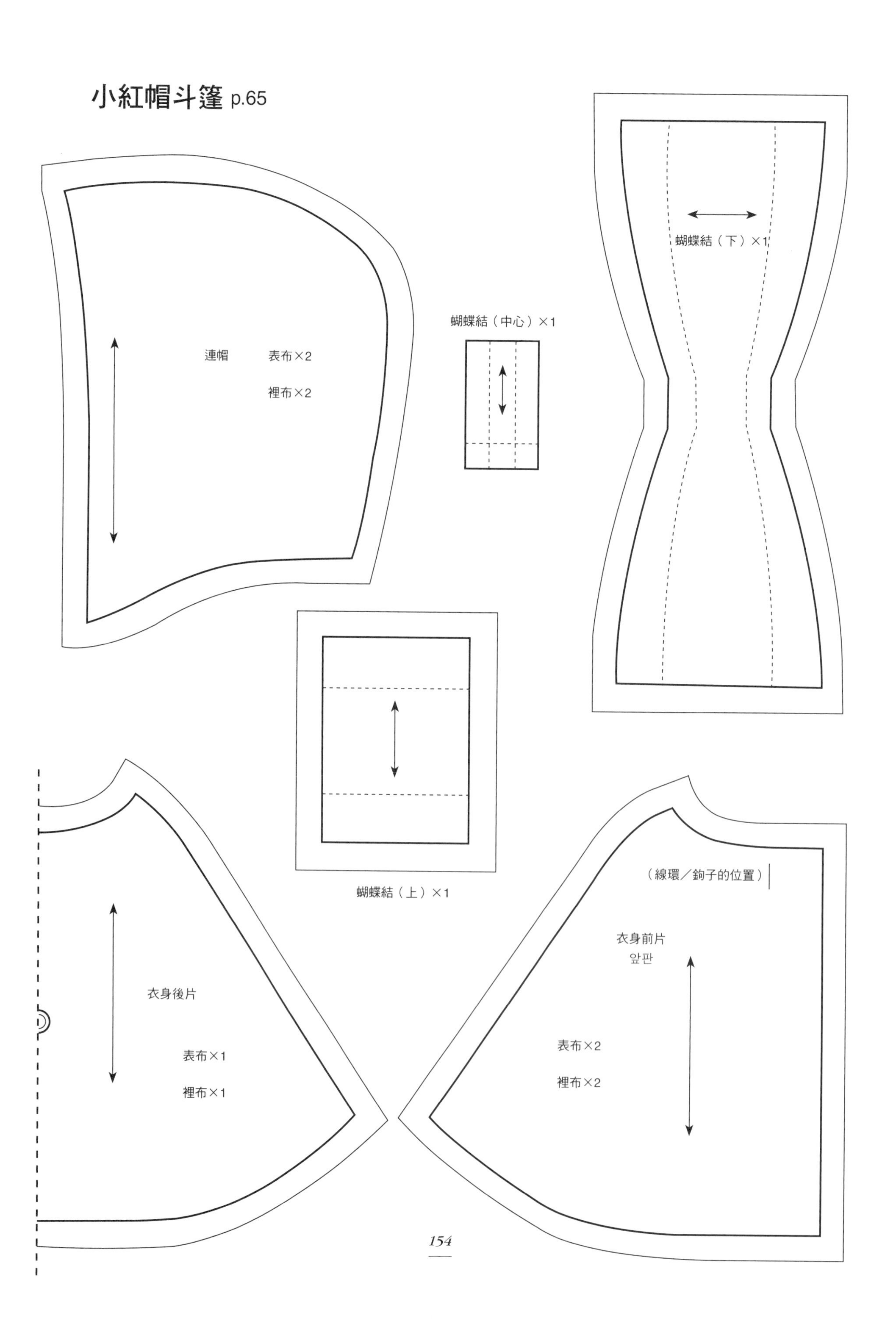

連帽
表布×2
裡布×2
蝴蝶結（中心）×1
蝴蝶結（下）×1
蝴蝶結（上）×1
衣身後片
表布×1
裡布×1
（線環／鉤子的位置）
衣身前片
앞판
表布×2
裡布×2

小紅帽刺繡連身洋裝 p.68

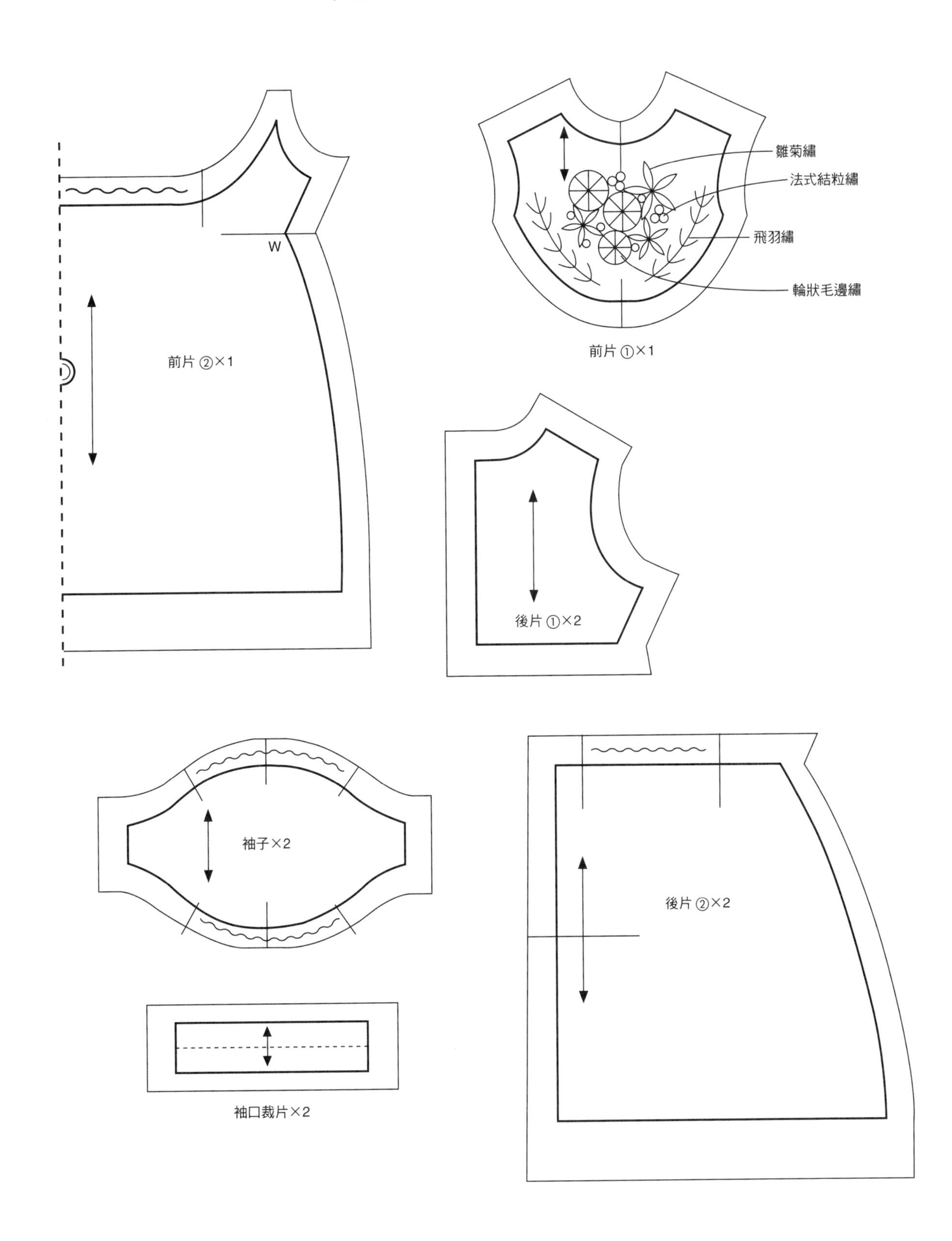

小紅帽刺繡連身洋裝 p.68

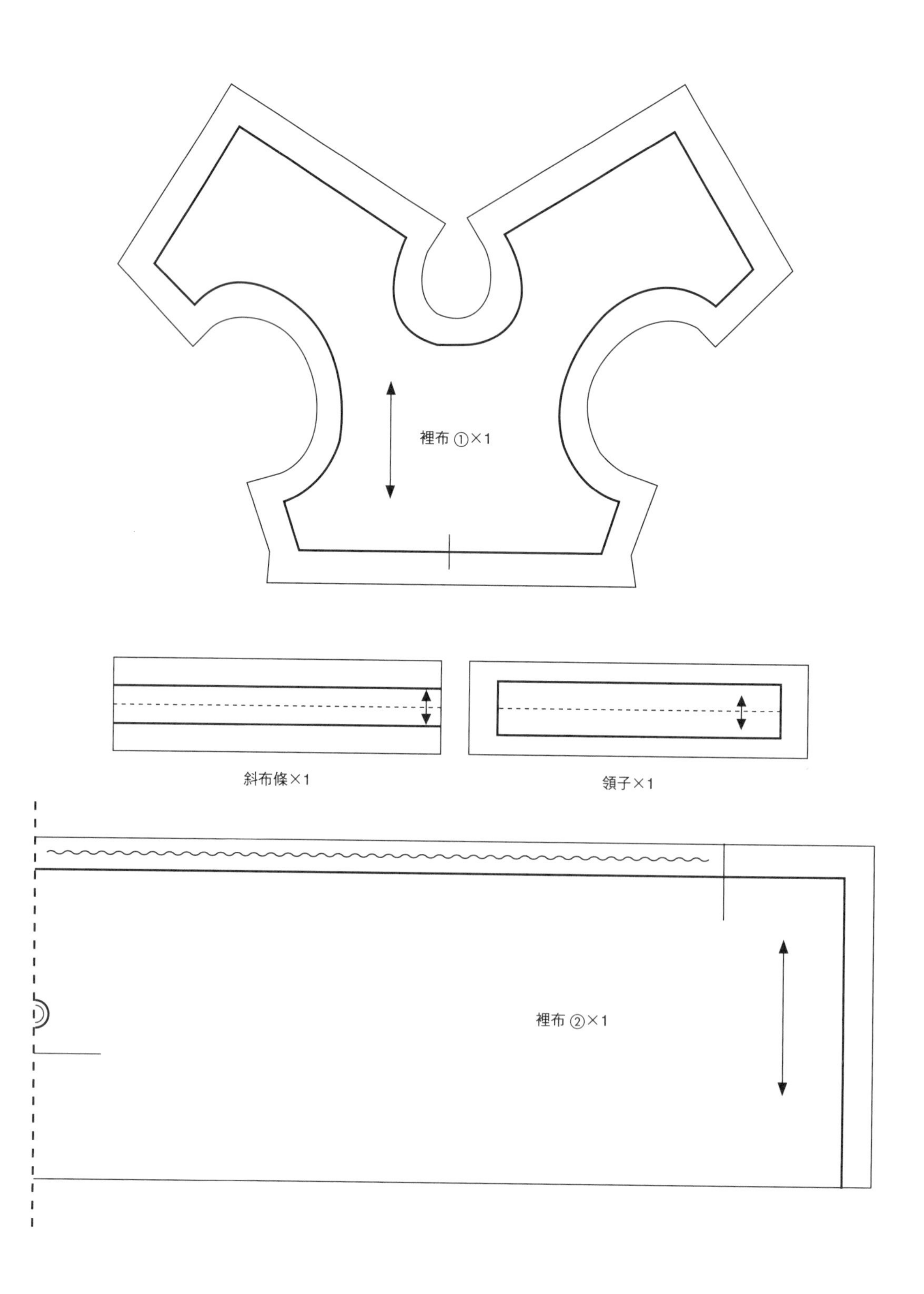

小紅帽睡衣 p.74

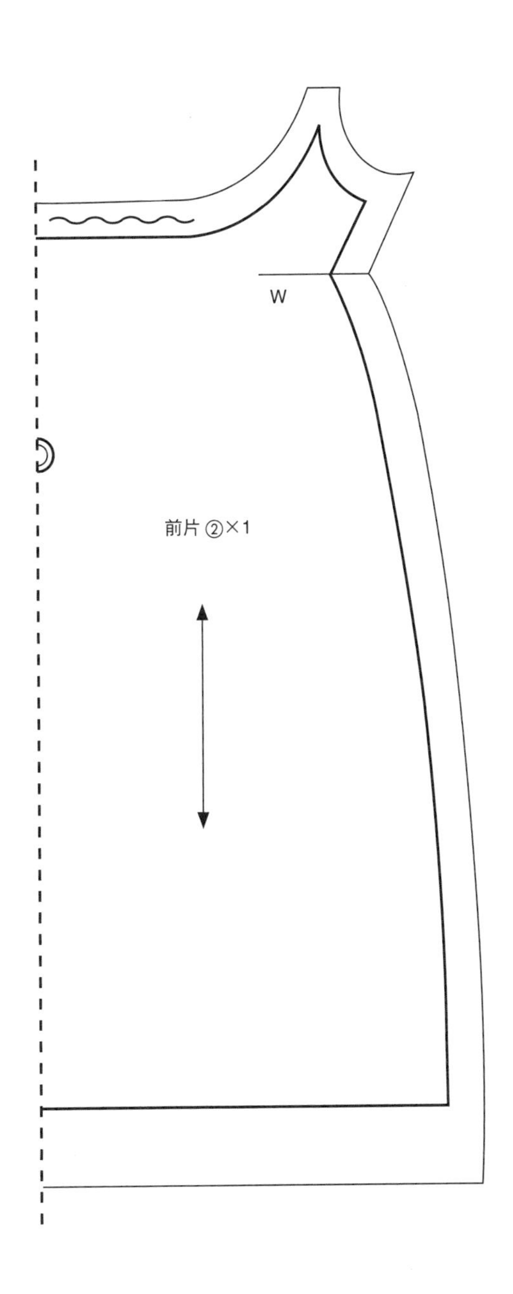

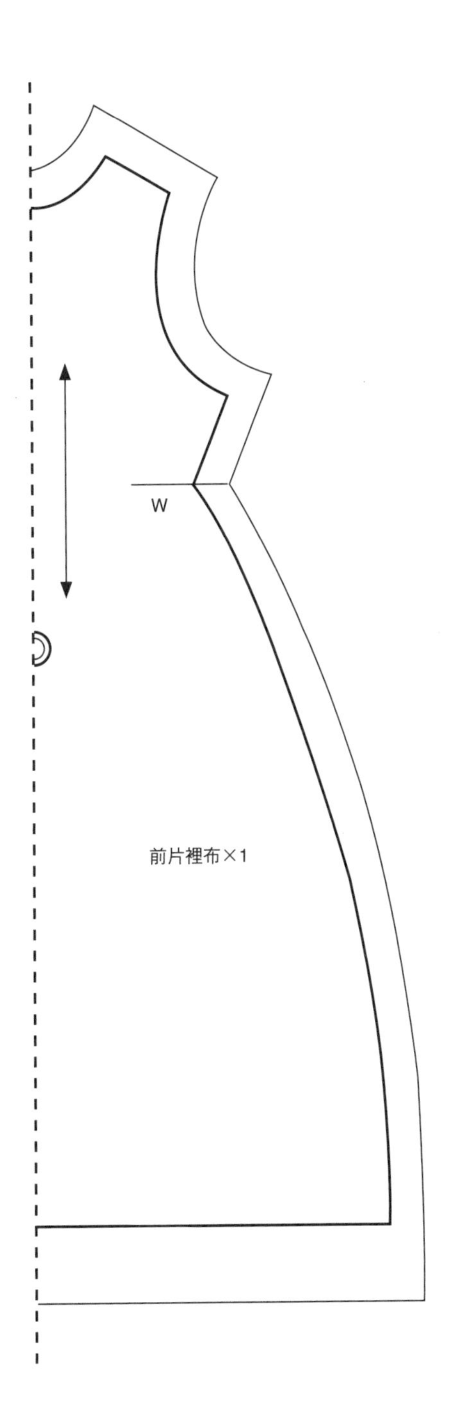

小紅帽睡衣 p.74

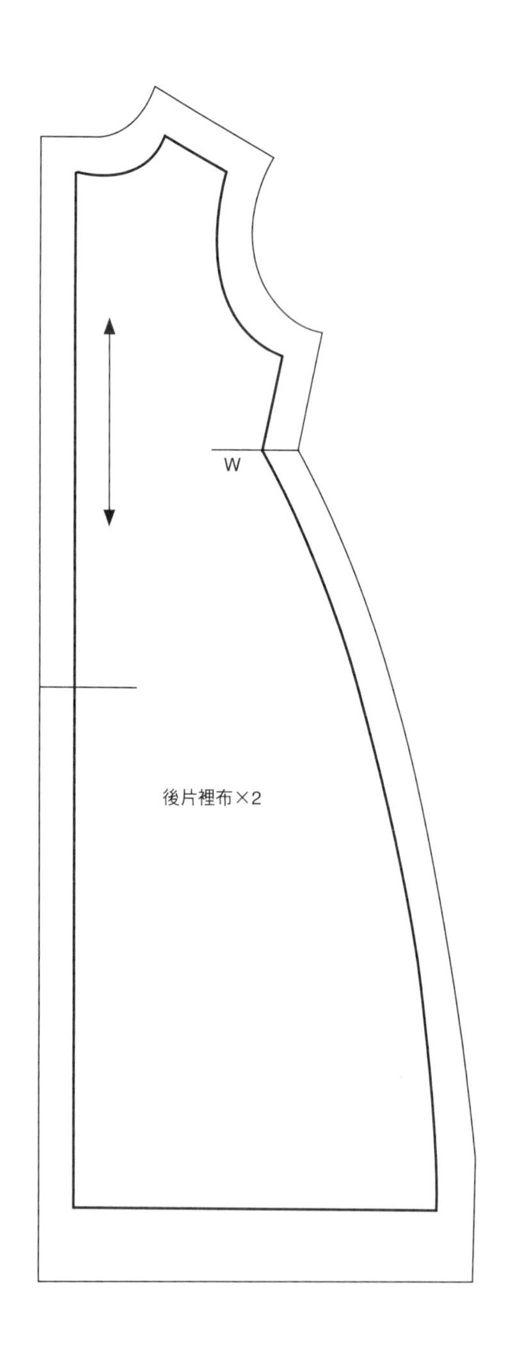

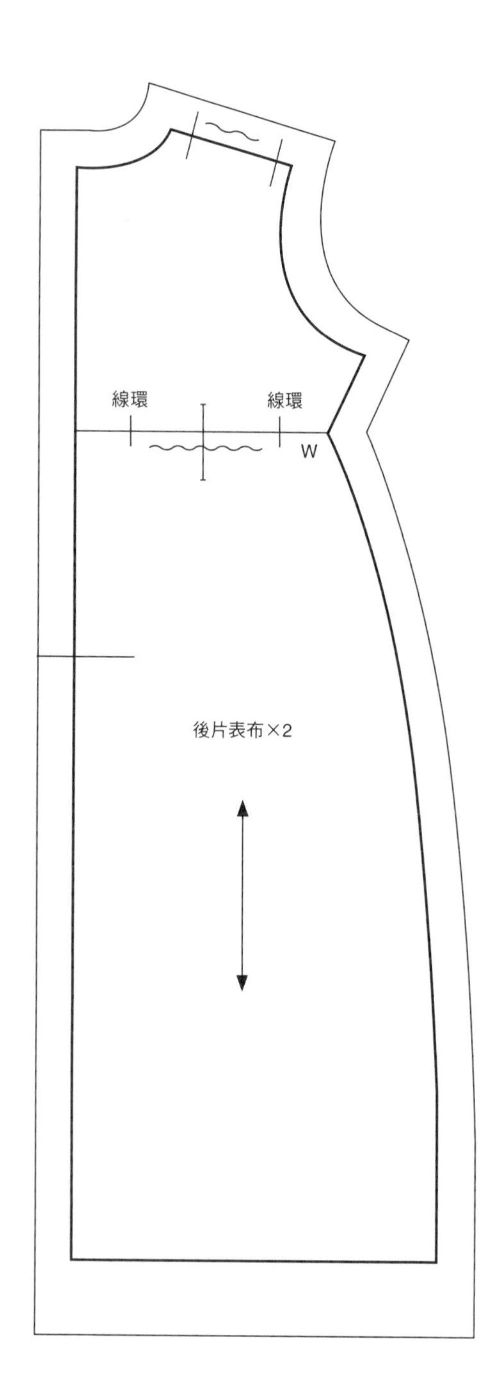

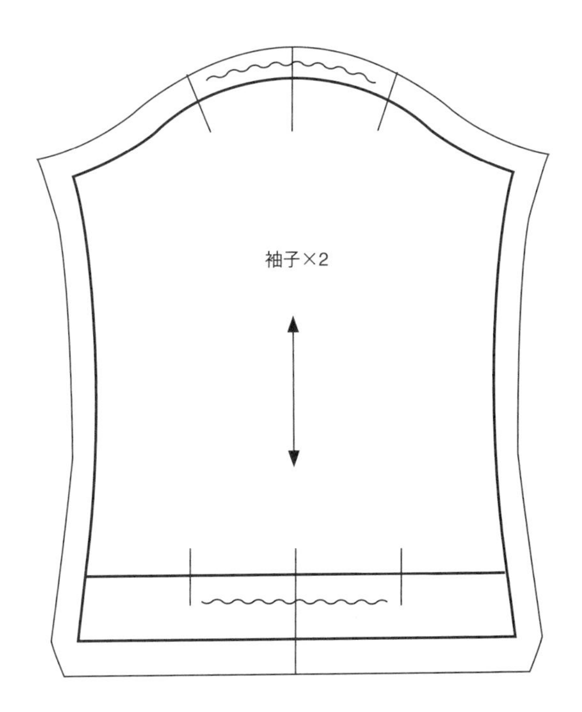

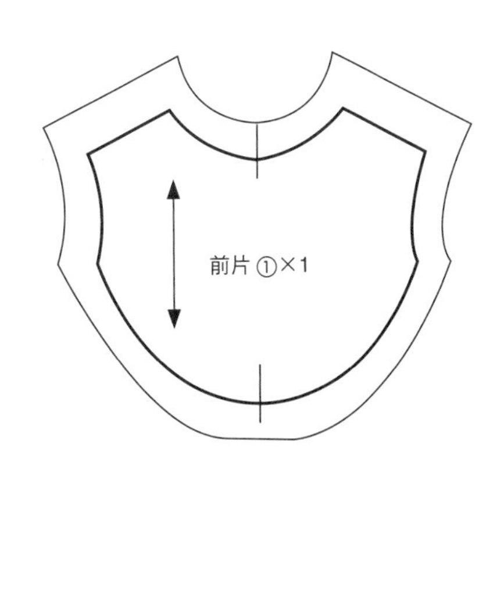

小紅帽睡帽 p73

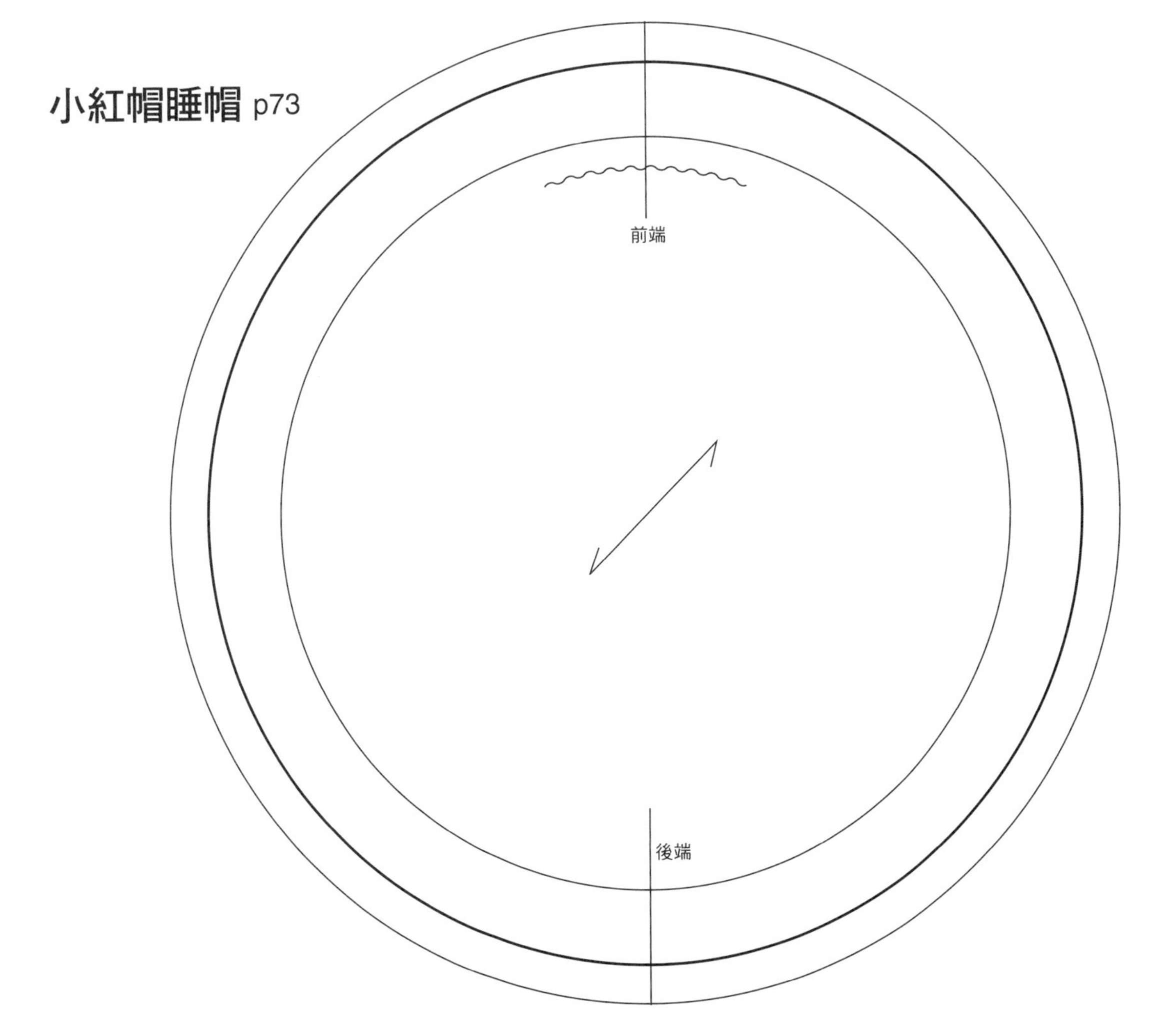

安妮連身洋裝 p79

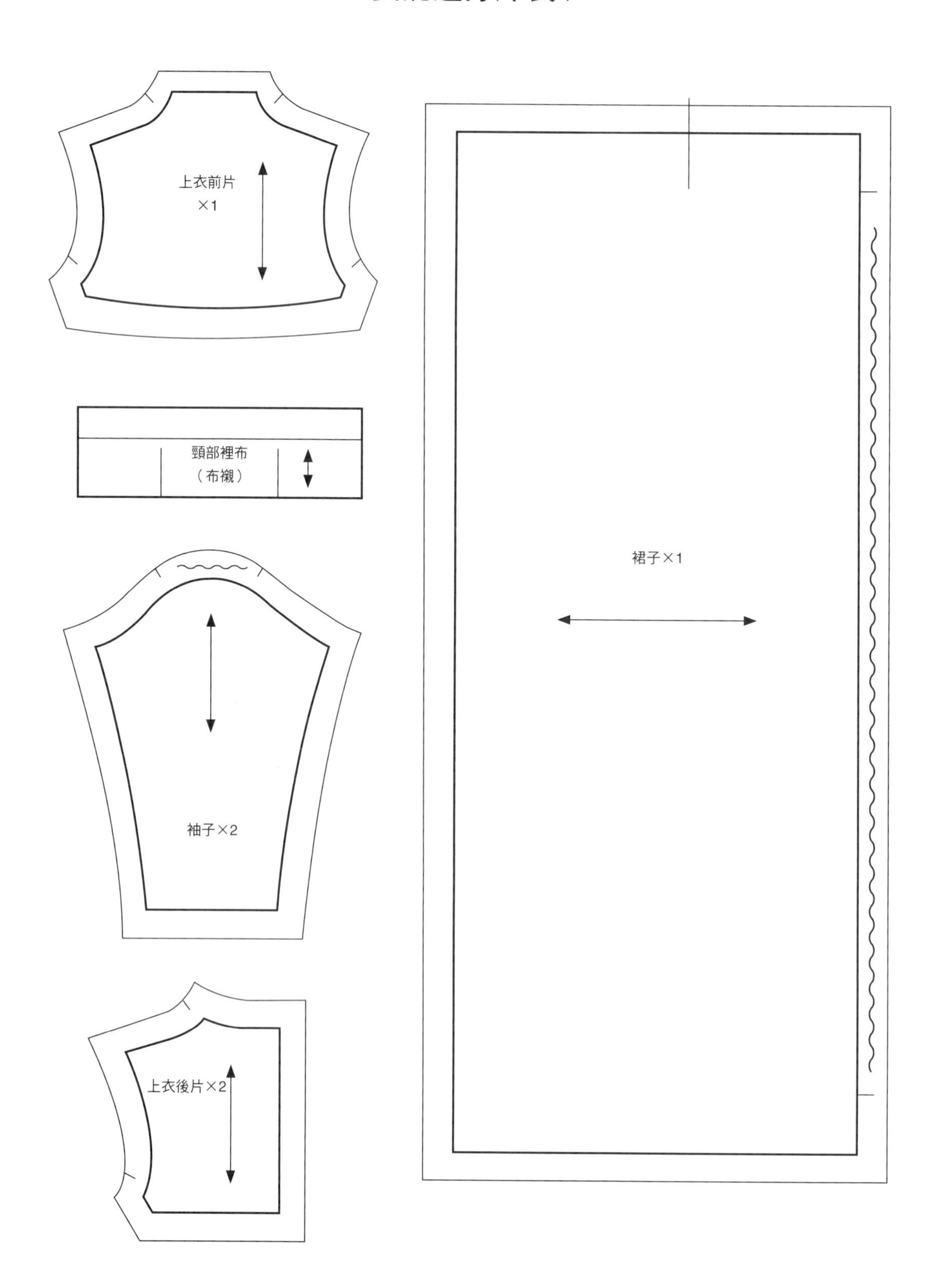

安妮圍裙 p82 緞帶：肩帶用（5.5cm）×2、腰帶用（11cm）×2

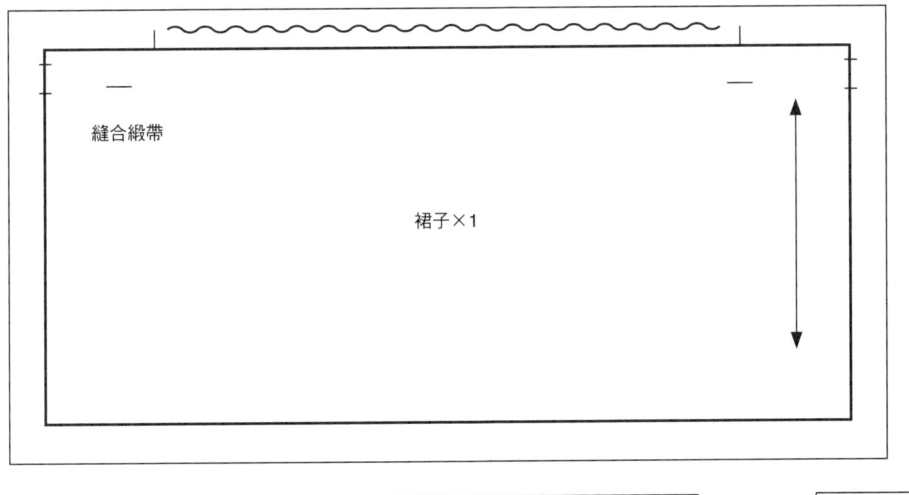

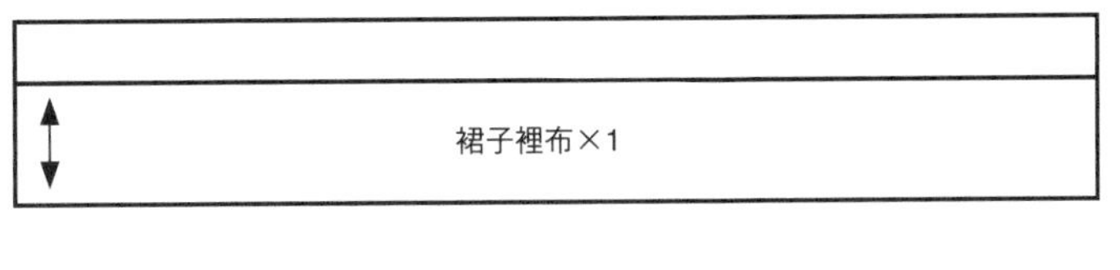

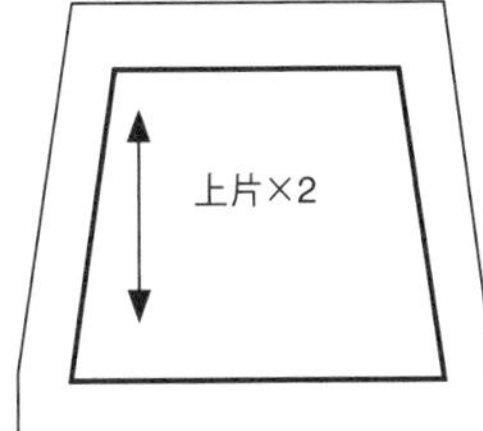

安妮＆黛安娜襯褲 p81

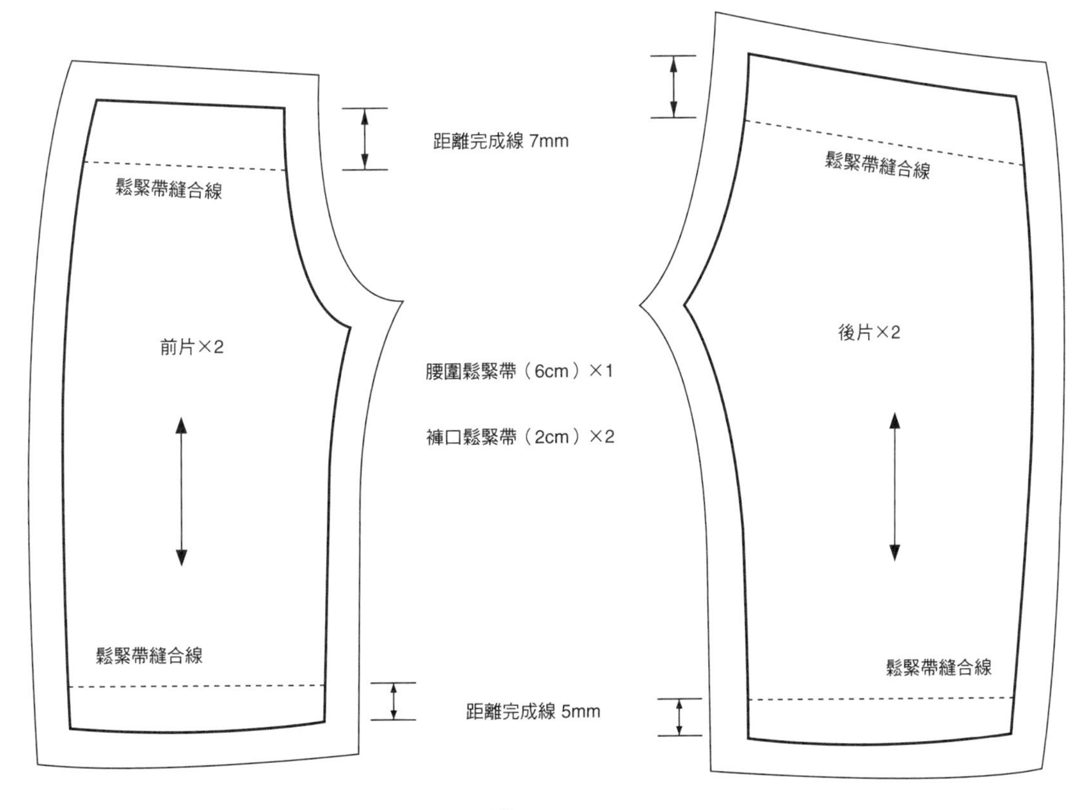

黛安娜連身洋裝 p85

上衣（前）蕾絲（4cm）×2、腰圍蕾絲（10cm）×1、裙子蕾絲（21cm）×1

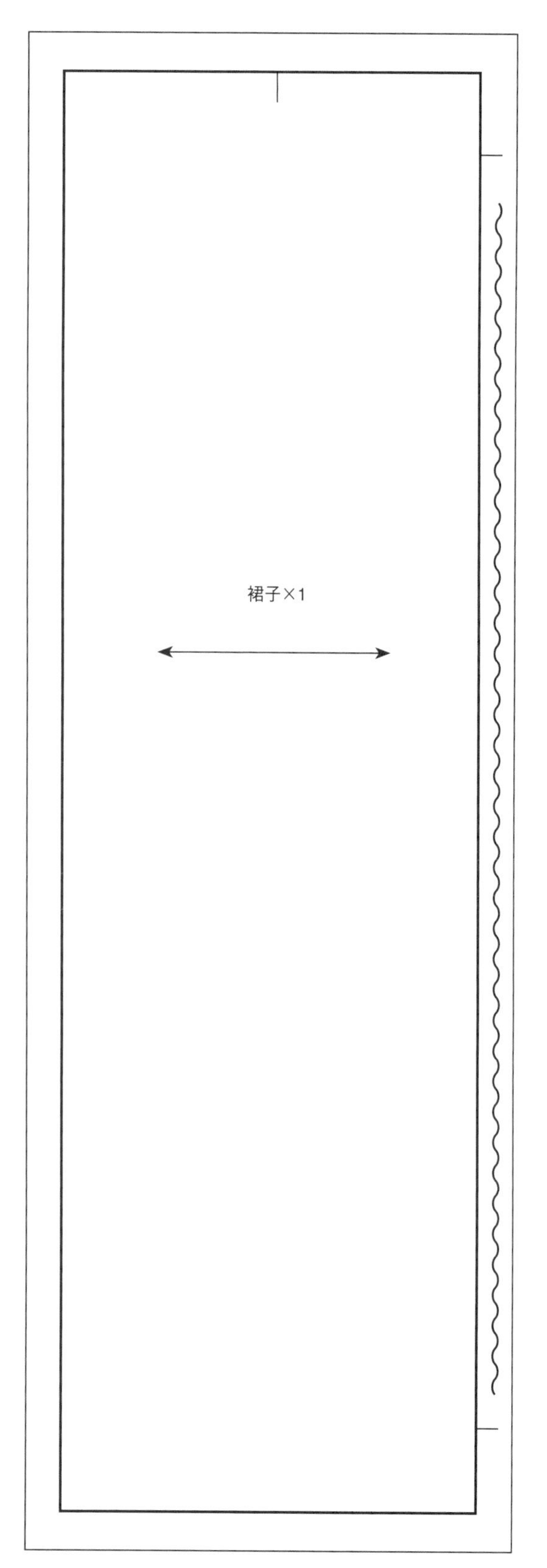

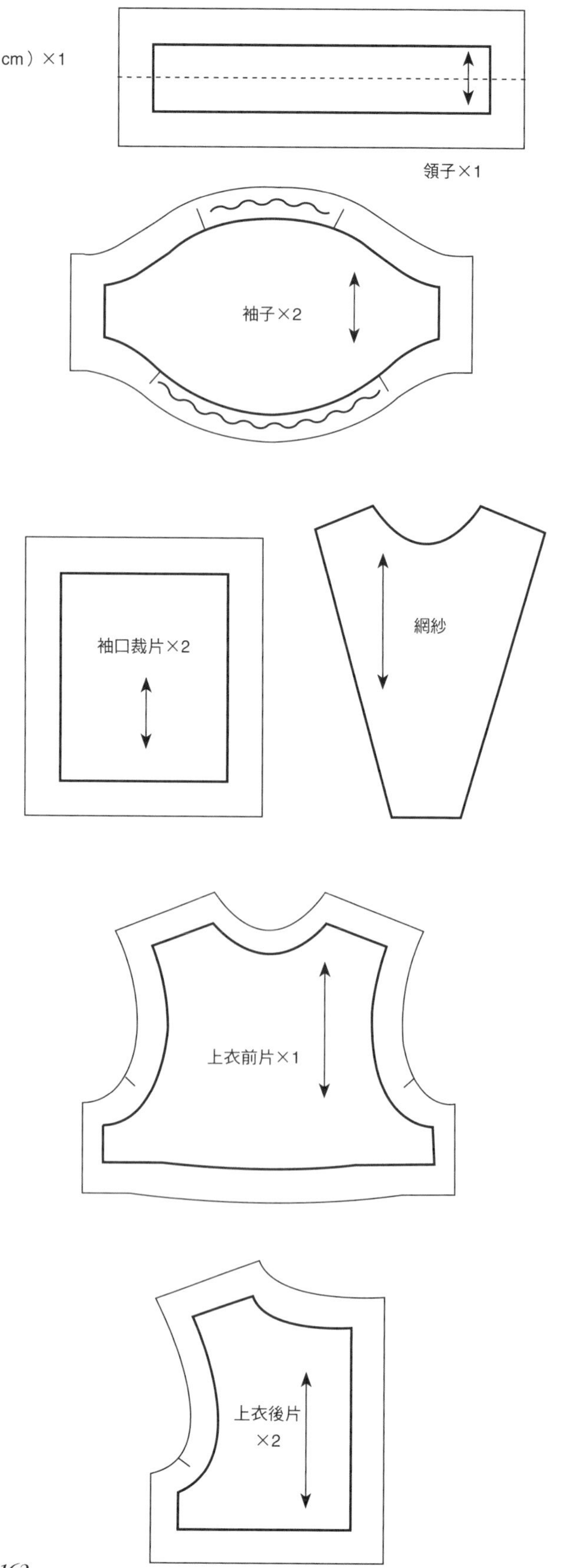

黛安娜圍裙 p89

緞帶：肩帶用（6cm）×2、腰帶用 11cm×2

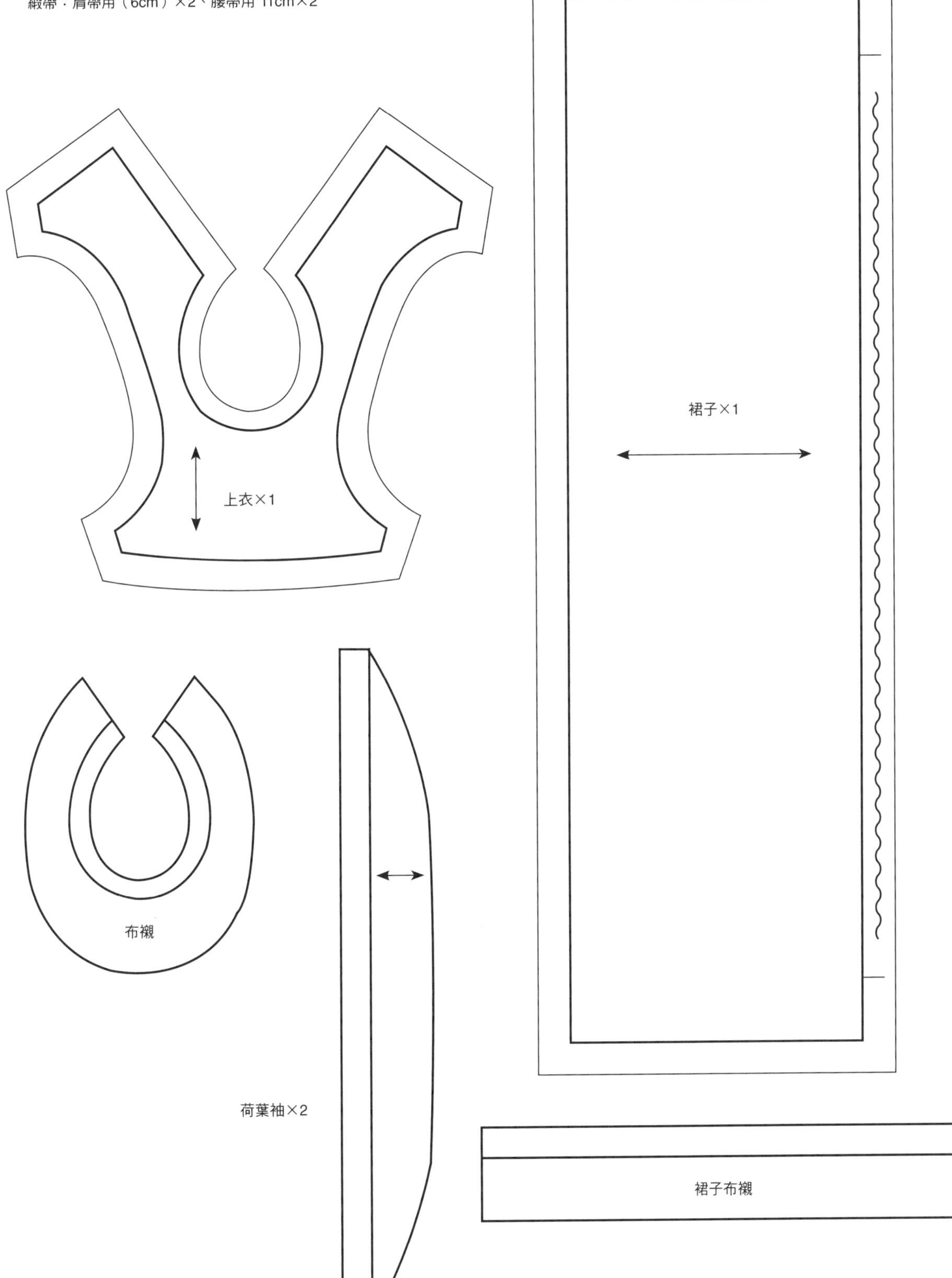

金髮女孩連身洋裝 p95

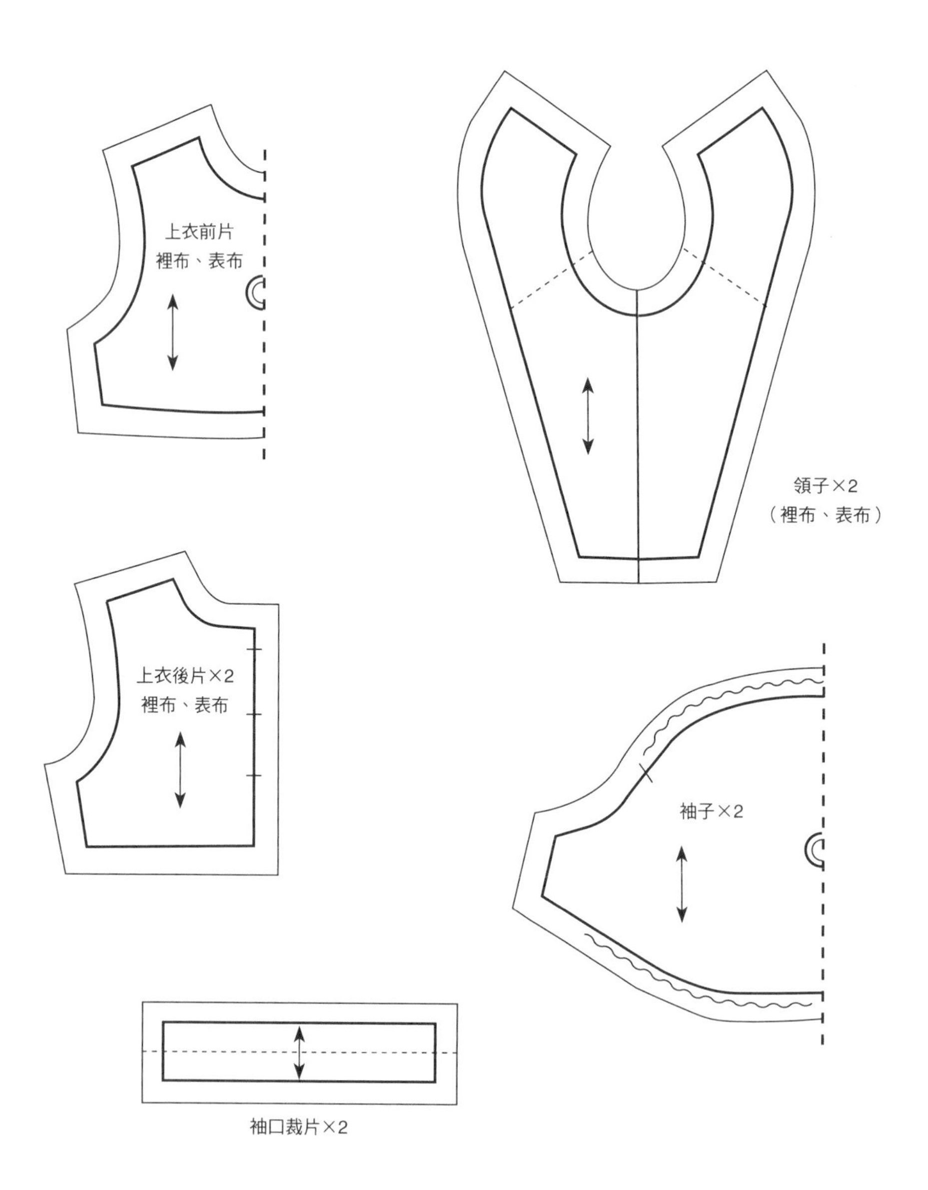

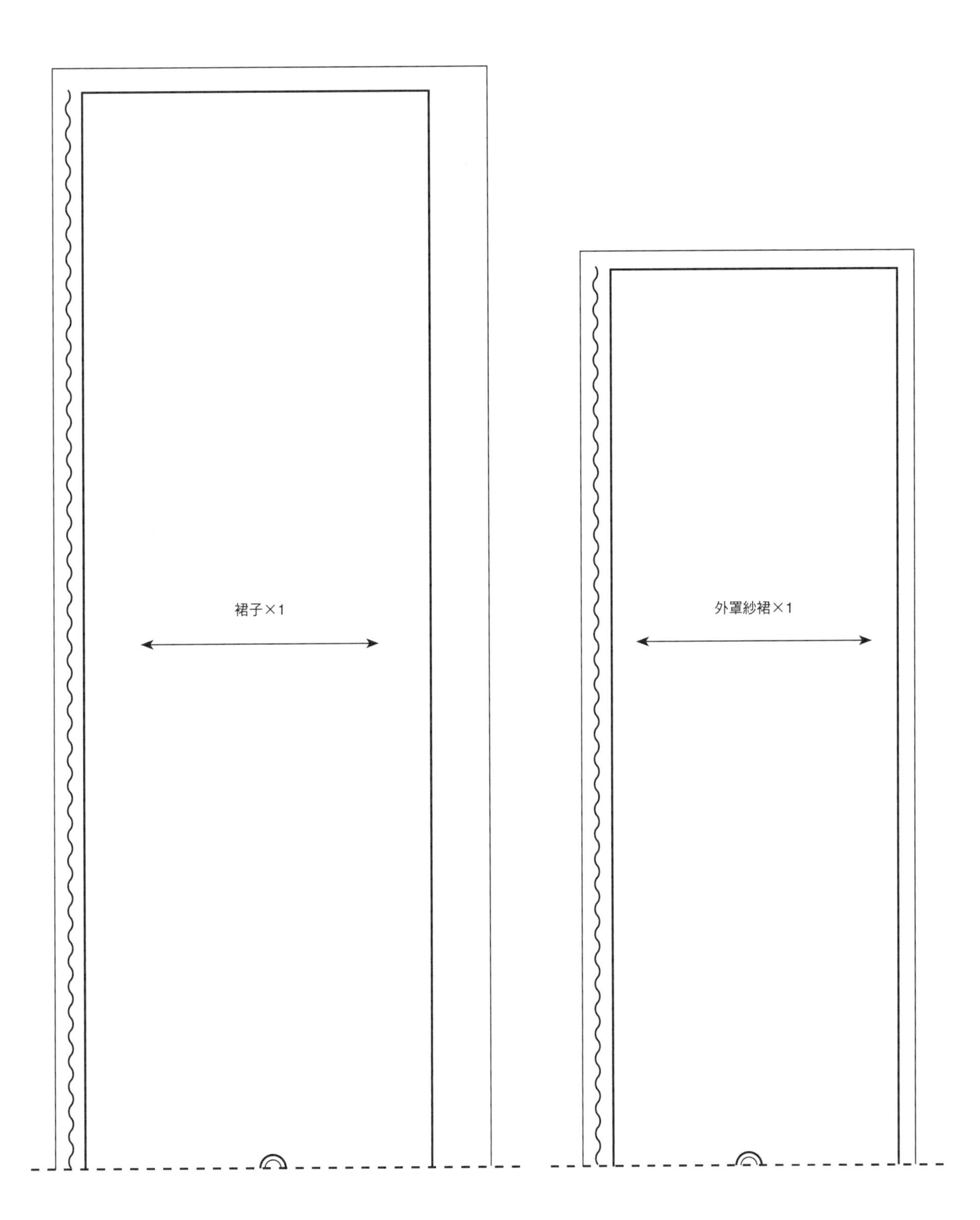
裙子×1
外罩紗裙×1

灰姑娘晚禮服 p101

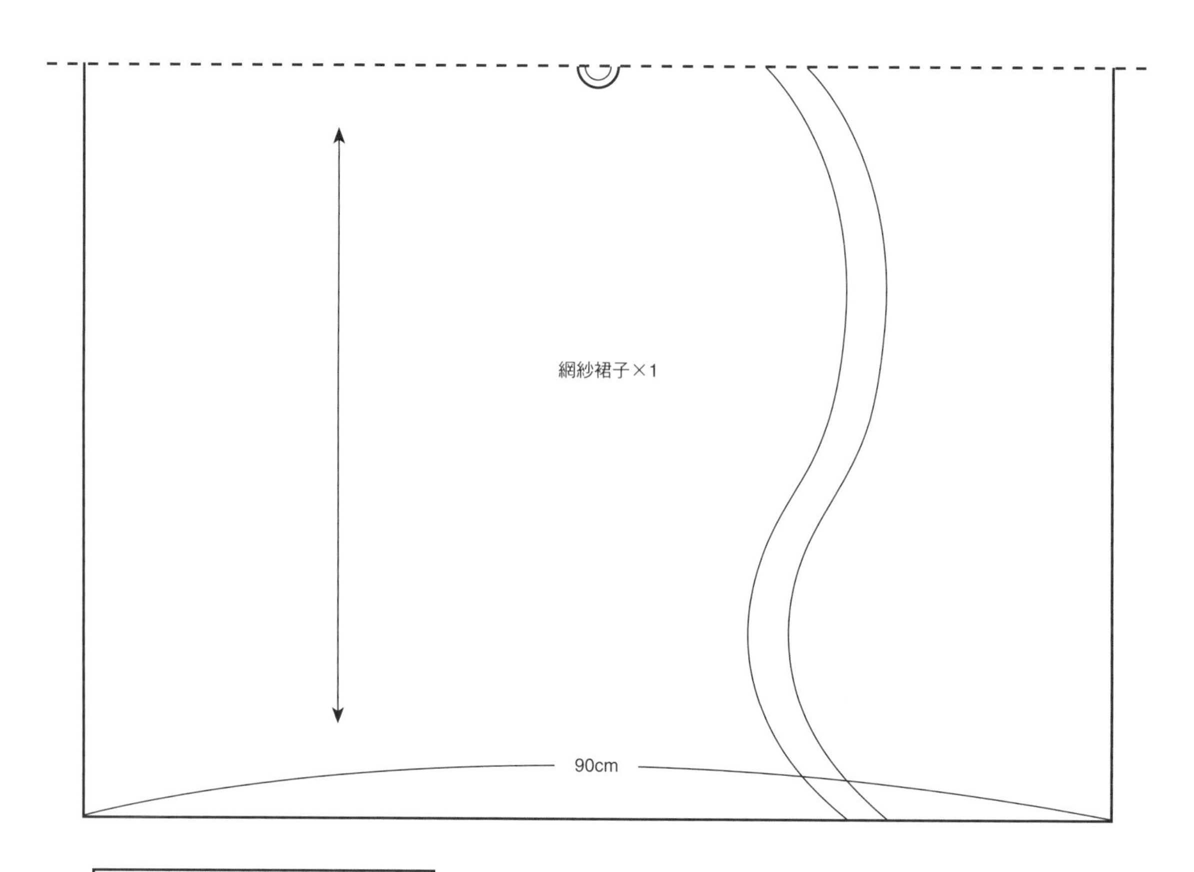

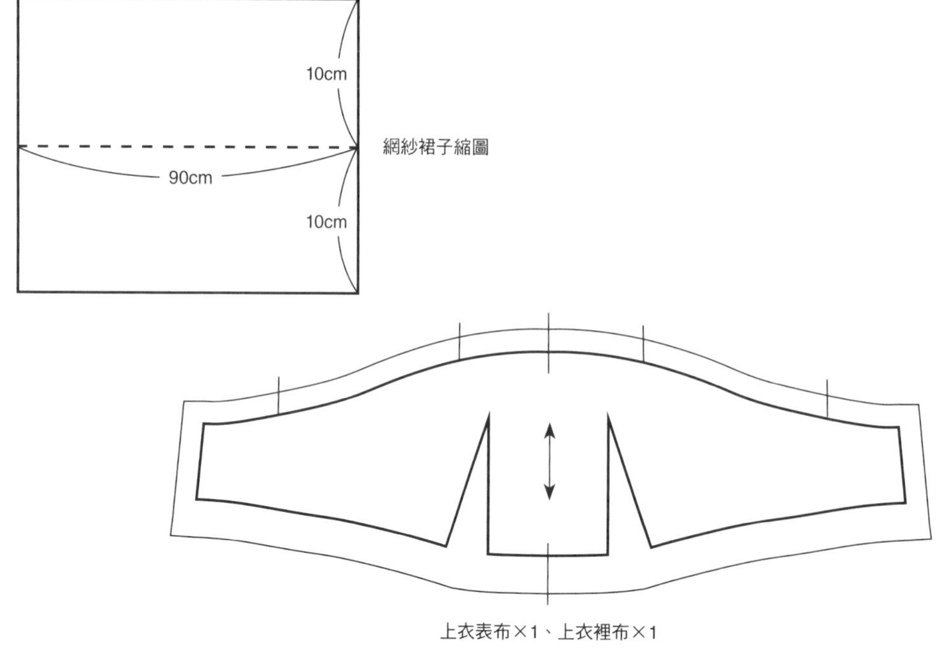

上衣表布×1、上衣裡布×1

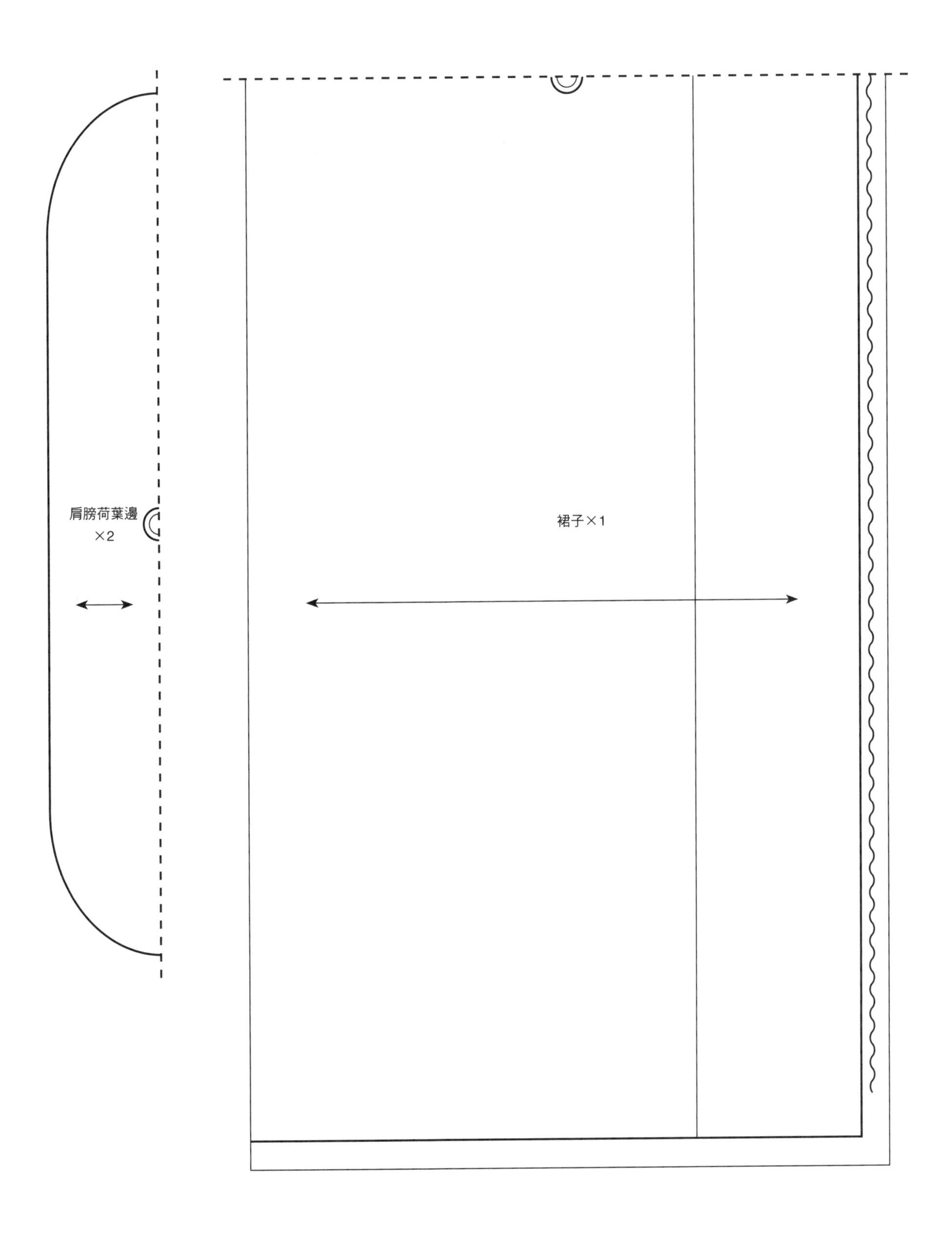
肩膀荷葉邊
×2
裙子×1

灰姑娘女僕裝 p105

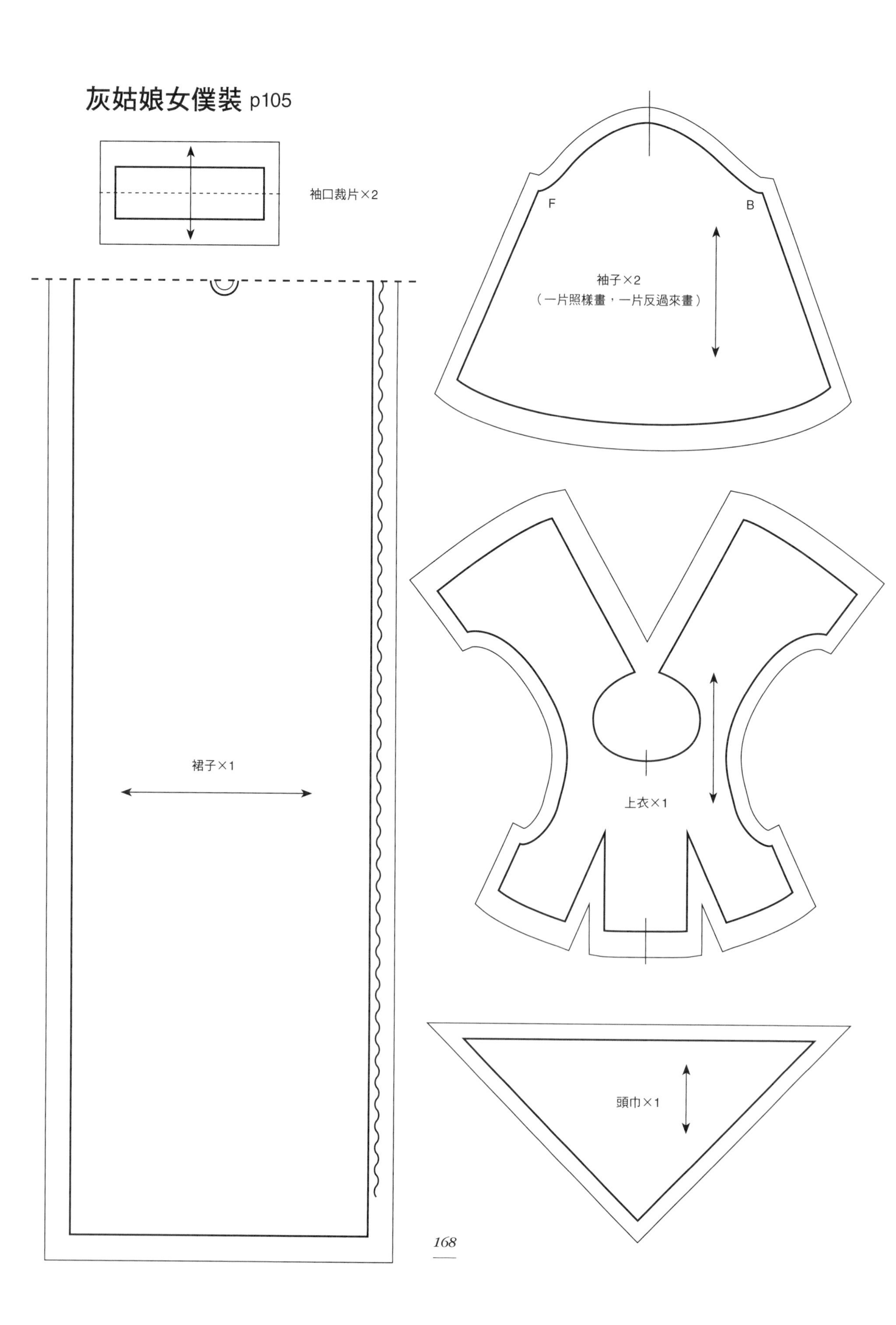

桃樂絲襯衫 p111

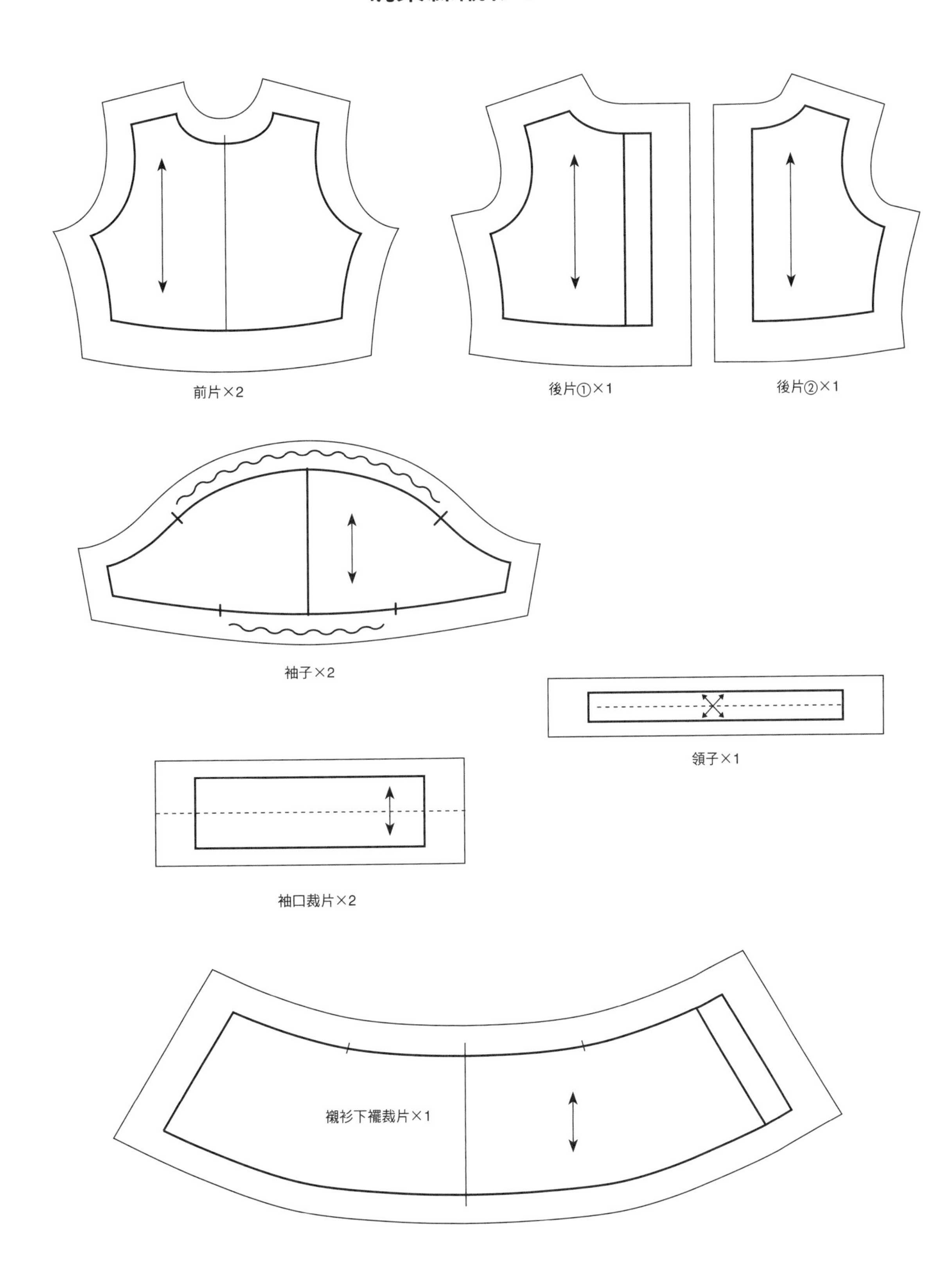

桃樂絲吊帶洋裝 p113

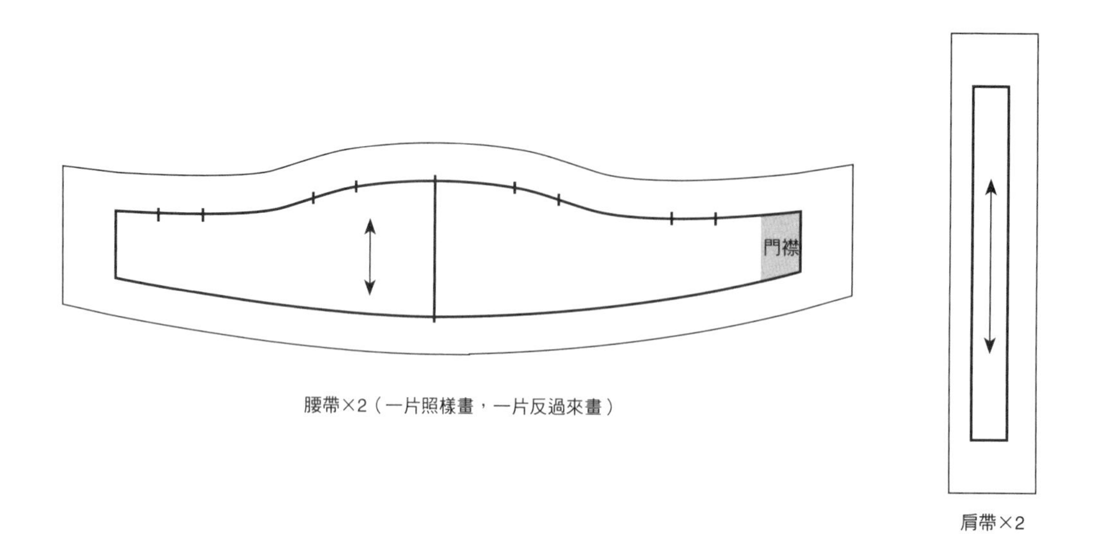

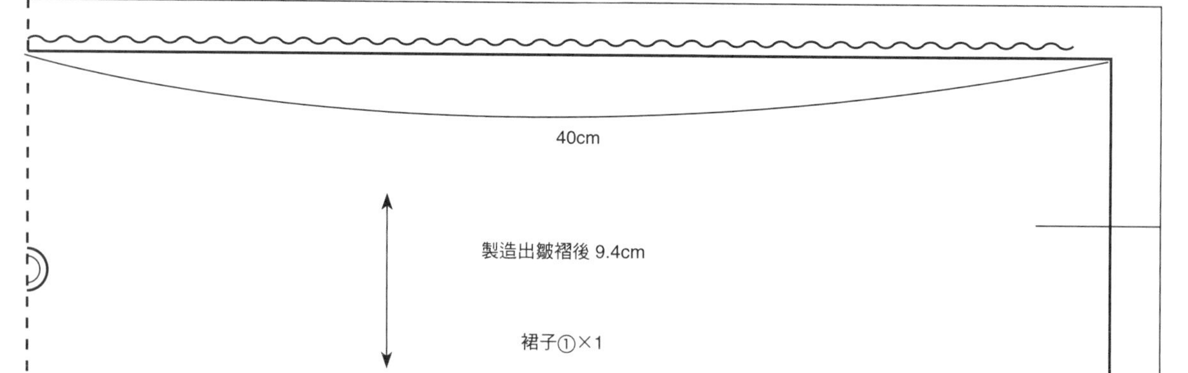

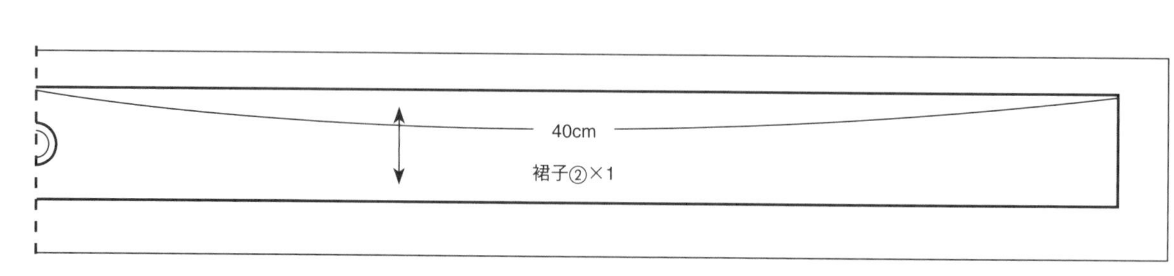

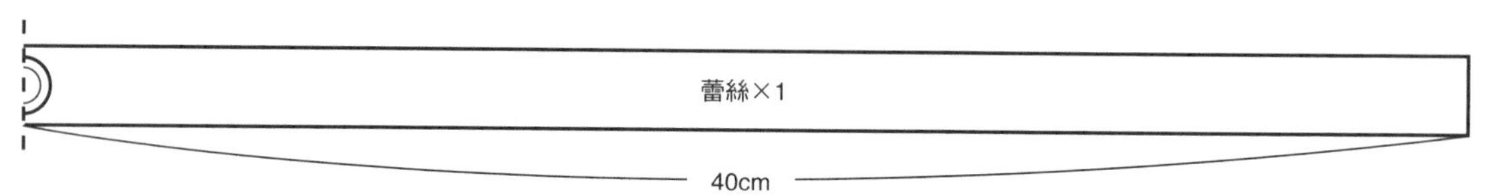

桃樂絲網紗內襯裙 p115

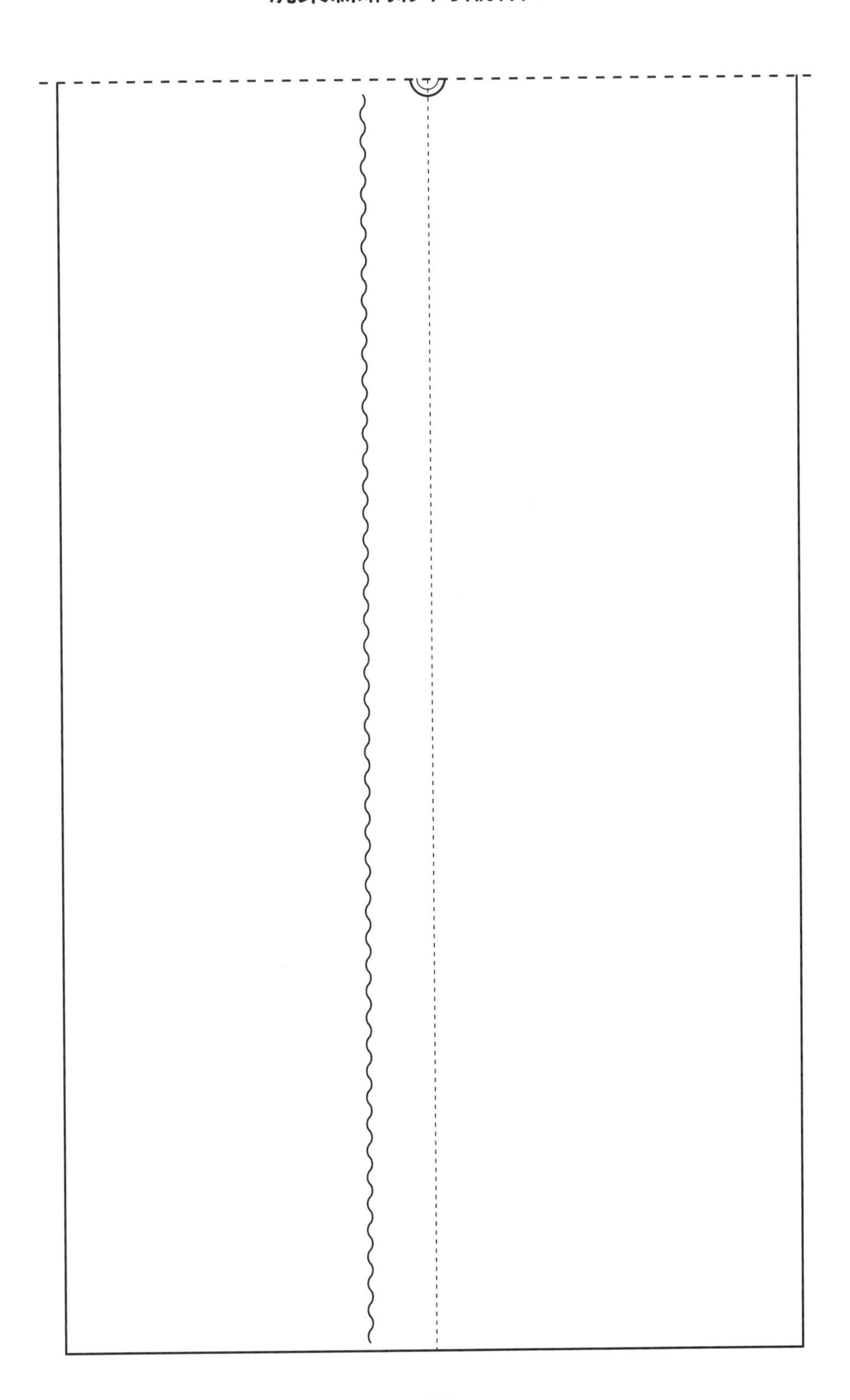

無袖百褶裙洋裝 p117

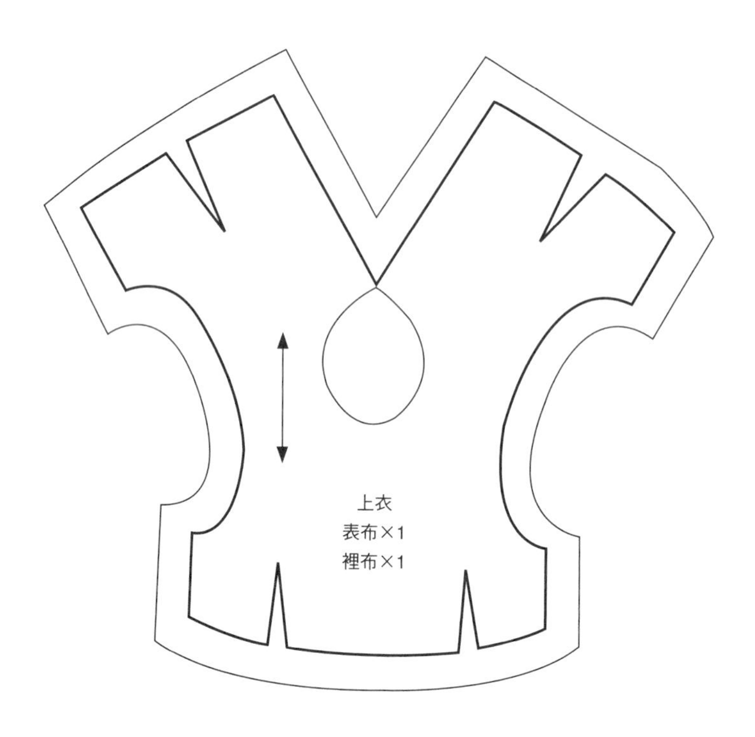

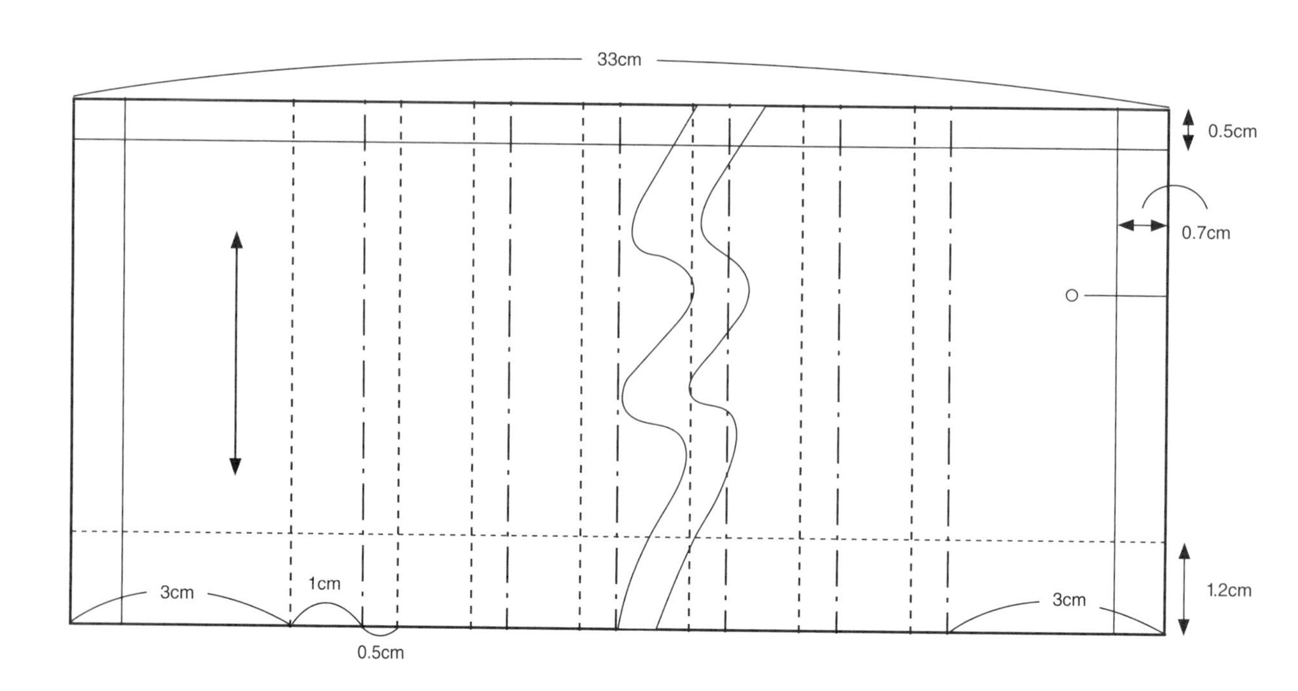

水手服夾克 p118

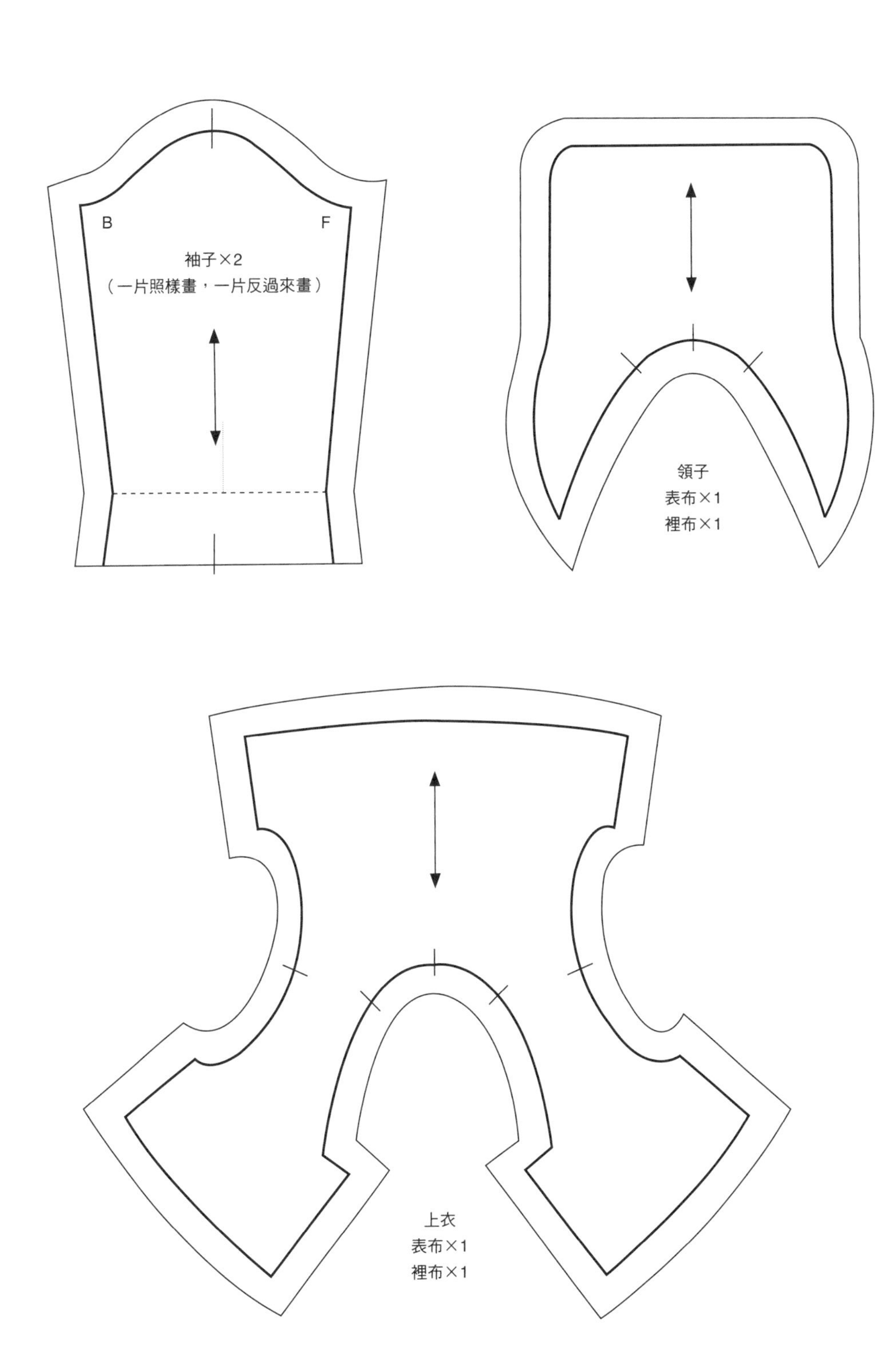

note

國家圖書館出版品預行編目(CIP)資料

娃娃沙龍的童話故事 / 崔智恩等作；陳采宜翻譯. -- 新北市：北星圖書, 2019.12
面； 公分
ISBN 978-957-9559-24-9(平裝)

1.洋娃娃 2.手工藝

426.78 108017084

娃娃沙龍的童話故事
Doll's Salon：Fairy tales

作　　者 / 崔智恩 等
翻　　譯 / 陳采宜
發 行 人 / 陳偉祥
發　　行 / 北星圖書事業股份有限公司
地　　址 / 234 新北市永和區中正路 458 號 B1
電　　話 / 886-2-29229000
傳　　真 / 886-2-29229041
網　　址 / www.nsbooks.com.tw
E-MAIL / nsbook@nsbooks.com.tw
劃撥帳戶 / 北星文化事業有限公司
劃撥帳號 / 50042987
製版印刷 / 皇甫彩藝印刷股份有限公司
出 版 日 / 2019 年 12 月
I S B N / 978-957-9559-24-9
定　　價 / 500 元

如有缺頁或裝訂錯誤，請寄回更換